面向新工科普通高等教育系列教材

高级语言程序设计（C/C++版）

主　编　魏　涛
副主编　黄治国
参　编　张天伍　周　苑

机械工业出版社

全书共分 9 章，主要包含 C/C++基础知识、顺序结构、选择结构、循环结构、数组、函数、指针、结构体、文件等内容。

本书以问题求解为导向，将典型案例与程序设计相结合，在选择案例时紧扣竞赛和考研需求，且注重所选取案例的知识性、趣味性、启发性，同时将案例统一部署在在线评测系统上，读者不但能够循序渐进地学习程序设计知识，而且可以方便快捷地将所学知识应用于编程实践。

本书可作为本科计算机相关专业的"C 语言程序设计""程序设计基础""高级语言程序设计"等课程的基础教材，也可作为大学生程序设计竞赛参赛者及 C/C++语言自学者、开发者的入门参考书，对参加计算机专业研究生入学考试的考生也有一定的参考作用。

本书配有授课电子课件，需要的教师可登录 www.cmpedu.com 免费注册，审核通过后下载，或联系编辑索取（微信：13146070618，电话：010-88379739）。

图书在版编目（CIP）数据

高级语言程序设计：C/C++版 / 魏涛主编. -- 北京：机械工业出版社，2025.6. --（面向新工科普通高等教育系列教材）. -- ISBN 978-7-111-78018-2

Ⅰ．TP312.8

中国国家版本馆 CIP 数据核字第 2025SL4045 号

机械工业出版社（北京市百万庄大街 22 号　邮政编码 100037）
策划编辑：解　芳　　　　责任编辑：解　芳　章承林
责任校对：龚思文　张昕妍　责任印制：李　昂
涿州市殷润文化传播有限公司印刷
2025 年 6 月第 1 版第 1 次印刷
184mm×260mm·14.25 印张·362 千字
标准书号：ISBN 978-7-111-78018-2
定价：59.90 元

电话服务　　　　　　　　网络服务
客服电话：010-88361066　　机　工　官　网：www.cmpbook.com
　　　　　010-88379833　　机　工　官　博：weibo.com/cmp1952
　　　　　010-68326294　　金　书　网：www.golden-book.com
封底无防伪标均为盗版　机工教育服务网：www.cmpedu.com

前 言

计算机世界犹如广袤无垠的宇宙，而高级语言程序设计则是其中最为璀璨的星系之一。在科技日新月异的今天，掌握高级语言程序设计无疑是打开编程世界大门的金钥匙。

编者深刻地认识到，一本优秀的高级语言程序设计教材需要具备深入浅出的讲解、丰富实用的案例以及对编程本质的深刻洞察。为了使初学者能够相对轻松地开启学习之旅，真切地领略到程序设计所蕴含的独特魅力，同时也为了向参加程序设计竞赛或计算机专业考研的读者提供思维碰撞的机会，编者精心确立了编写本教材所遵循的指导思想及基本原则。

（1）突出问题求解

高级语言程序设计不是僵化机械地照搬照抄语法规则，而是运用高级语言高效地进行问题求解，问题求解能力才是衡量一名优秀程序设计者的关键标准。本书以问题求解为导向深入讲解高级语言程序设计，以在线评测编程问题为载体，把对问题的分析和求解作为串联教材各章节知识的主线，注重运用程序设计知识求解具体问题。

（2）紧扣竞赛考研

高级语言程序设计作为计算机学科的核心基础技能，在竞赛和考研的征程中发挥着不可或缺的关键作用。本书精心设计并挑选了一些源自程序设计竞赛和计算机专业考研的真实案例，并尽可能注重将案例的知识性、趣味性与启发性融于一体，让读者深刻理解如何运用高级语言求解应用问题，助力读者在竞赛和考研的激烈竞争中快速准确地解题。

（3）强化教学交互

本书配备了完整的教学课件、教学大纲、课程教案以及案例源代码等教学资源，并将书中案例部署到在线评测平台，读者能够随时随地进行在线编程实践练习。教师可将课程资源部署在教学平台，从而使理论教学与精选案例相结合、实践教学与在线评测相结合、在线教学与学习平台相结合，为课程提供多元化的教学交互方式和能力考核模式。

（4）培育计算思维

在高级语言程序设计的学习过程中，计算思维是将程序代码从单纯的语法堆砌转化为有效解决问题工具的关键所在。本书不是简单地介绍语法规则，而是精心设计并选取了一些实际案例，要求读者运用所学的高级语言知识和计算思维来解决问题，让读者能够在问题求解中不断锤炼自己的计算思维能力，提高运用高级语言解决复杂问题的能力。

本书中的大部分例题和课后编程习题来自河南工程学院 OJ（http://www.haueacm.top/），书中部分编程例题和习题参考改编自 openJudge NOI（http://noi.openjudge.cn/）、洛谷（https://www.luogu.com.cn/）、牛客网（https://www.nowcoder.com/）、AcWing（https://www.acwing.com/）、郑州轻工业大学 OJ（http://acm.zzuli.edu.cn/）等平台，在此对出题者及相关的老师和同学们表示最诚挚的感谢！

在本书的编写过程中，作者广泛参考了国内外诸多有关 C/C++语言程序设计、数据结构与算法方面的著作。通过研读这些著作，作者得以汲取众多新颖的理念与丰富的内容，并将其融入本书之中，书中部分章节内容以及习题设置参考了这些著作及其网络资源。在此，谨向所参考著作的各位作者以及相关人士致以最诚挚的敬意！

在本书的编写进程中，编者力求在突出问题求解、紧扣竞赛考研、强化教学交互以及培育计算思维等方面有所突破与创新。但由于编者能力有限，本书在内容呈现上或许会存在一些疏忽与欠缺之处。在此，诚恳地期望广大读者不吝赐教，提出宝贵的批评与修正意见，以便编者在后续工作中加以完善与改进。

编　者

目 录

前言
第 1 章 基础知识 ... 1
1.1 程序设计语言 ... 1
1.2 C/C++发展简史 ... 1
1.3 第一个 C++程序 ... 2
1.4 内存与变量 ... 3
1.5 cin/cout 输入输出 ... 4
1.5.1 使用 cin 输入 ... 4
1.5.2 使用 cout 输出 ... 4
1.5.3 cout 格式控制 ... 5
1.6 整数的表示 ... 5
1.6.1 进制转换 ... 5
1.6.2 补码概念 ... 6
1.6.3 整数类型 ... 7
1.7 浮点类型 ... 8
1.8 字符类型 ... 10
1.9 程序设计步骤与流程图 ... 11
1.9.1 程序设计步骤 ... 11
1.9.2 程序流程图 ... 12
1.10 本章实例 ... 13
习题 ... 14

第 2 章 顺序结构 ... 17
2.1 常量 ... 17
2.2 运算符与表达式 ... 18
2.2.1 算术运算符与算术表达式 ... 18
2.2.2 赋值运算符与赋值表达式 ... 18
2.2.3 逗号运算符与逗号表达式 ... 19
2.2.4 自增运算符与自减运算符 ... 19
2.2.5 位运算符 ... 19
2.2.6 运算符的优先级 ... 21
2.3 数据类型转换 ... 21
2.3.1 自动类型转换 ... 22
2.3.2 强制类型转换 ... 22
2.4 scanf/printf 输入输出 ... 25

2.4.1 printf 格式输出函数 ... 25
2.4.2 scanf 格式输入函数 ... 26
2.4.3 putchar 与 getchar 函数 ... 27
2.5 本章实例 ... 27
习题 ... 30

第 3 章 选择结构 ... 35
3.1 用 if 语句实现选择结构 ... 35
3.1.1 if 语句 ... 35
3.1.2 嵌套的 if 语句 ... 36
3.2 关系运算符与关系表达式 ... 38
3.3 逻辑运算符与逻辑表达式 ... 39
3.4 条件运算符与条件表达式 ... 40
3.5 switch 语句 ... 41
3.6 本章实例 ... 43
习题 ... 46

第 4 章 循环结构 ... 53
4.1 while 语句 ... 53
4.2 do…while 语句 ... 55
4.3 for 语句 ... 56
4.4 break/continue 语句 ... 59
4.5 多重循环 ... 61
4.6 算法执行效率 ... 64
4.6.1 算法及其特性 ... 64
4.6.2 算法评价标准 ... 64
4.6.3 时间复杂度与执行时间 ... 64
4.7 本章实例 ... 67
习题 ... 74

第 5 章 数组 ... 83
5.1 一维数组 ... 83
5.1.1 定义与引用一维数组 ... 83
5.1.2 一维数组的初始化 ... 83
5.2 数组排序 ... 85
5.3 数组查找 ... 88

5.4	字符数组与字符串	91	7.4.3 带参数的 main 函数	164
	5.4.1 字符数组的初始化	91	7.4.4 指向数组的指针	165
	5.4.2 字符串的输入输出	91	7.5 指针与函数	167
	5.4.3 C 语言的字符串处理函数	92	7.5.1 返回指针的函数	167
	5.4.4 C++的字符串处理	93	7.5.2 指向函数的指针	168
5.5	二维数组	96	7.6 动态内存分配	169
	5.5.1 定义与引用二维数组	96	7.6.1 C 语言中的动态内存分配	170
	5.5.2 二维数组的初始化	96	7.6.2 C++中的动态内存分配	171
5.6	本章实例	99	7.7 本章实例	174
	习题	103	习题	177
第 6 章 函数		**112**	**第 8 章 结构体**	**181**
6.1	定义与调用函数	112	8.1 定义和使用结构体	181
	6.1.1 定义函数	112	8.1.1 定义结构体类型	181
	6.1.2 调用函数	113	8.1.2 定义结构体变量	181
6.2	函数的参数	117	8.1.3 引用结构体成员	182
	6.2.1 形参与实参	117	8.2 结构体数组与指针	184
	6.2.2 参数的传递	118	8.3 结构体与单链表	186
6.3	变量的作用域	120	8.4 共用体类型	188
	6.3.1 局部变量	120	8.5 枚举类型	189
	6.3.2 全局变量	121	8.6 使用 typedef 声明新类型名	191
6.4	变量的生存期	122	8.7 本章实例	192
6.5	函数的嵌套调用	125	习题	195
6.6	函数的递归调用	126	**第 9 章 文件**	**202**
6.7	排列与组合	130	9.1 文件基本概念	202
	6.7.1 next_permutation	130	9.2 文件打开与关闭	203
	6.7.2 排列	133	9.3 文件读写	204
	6.7.3 组合	135	9.3.1 字符读写函数	204
6.8	本章实例	137	9.3.2 字符串读写函数	205
	习题	142	9.3.3 数据块读写函数	207
第 7 章 指针		**153**	9.3.4 格式化读写函数	208
7.1	定义与引用指针	153	9.3.5 随机读写函数	209
7.2	指针与一维数组	154	9.4 文件重定向	209
	7.2.1 指针指向数组元素	154	9.5 本章实例	210
	7.2.2 指针的运算	156	习题	211
	7.2.3 指针变量作为函数参数	157	**附录**	**215**
7.3	指针与字符串	158	附录 A Dev-C++使用指南	215
7.4	指针数组与多重指针	162	附录 B 基本 ASCII 码字符表	221
	7.4.1 指向指针的指针	162	**参考文献**	**222**
	7.4.2 指针数组	163		

第1章 基础知识

C++继承和扩展了 C 语言，支持过程化程序设计、面向对象程序设计、泛型程序设计等多种编程范式，应用领域涵盖系统软件、应用软件、驱动程序、嵌入式软件、高性能的服务器与客户端应用程序、图形图像、游戏娱乐软件等，是世界上主流的编程语言之一。本章简述 C/C++发展历程，并逐步融入变量、输入输出、数据类型、程序流程图等基础知识。

1.1 程序设计语言

程序是实现特定功能的指令序列，指令是能够被计算机识别的命令，计算机正是在程序控制下进行工作。程序设计语言通常简称为编程语言，是一组用来编写计算机程序的符号使用规则。从发展历程来看，程序设计语言经历了以下几个发展阶段。

1. 机器语言

计算机能够直接识别和接受的二进制代码称为机器指令，机器指令的集合就是该计算机的机器语言。机器语言不便于记忆和识别，难检查、难修改，且依赖具体机器，难以移植，因此无法得到良好的推广使用。

2. 汇编语言

汇编语言是机器语言的符号化，它使用缩写的英文单词和符号串替代机器语言的二进制代码。汇编指令需通过汇编程序转换为机器指令才能被计算机执行，依赖具体机器，难以移植。相比机器语言，汇编语言简单好记，但是仍然难以普及。

3. 高级语言

高级语言更接近于人们习惯使用的自然语言和数学语言。高级语言功能强大，不依赖具体机器，因而编写出的程序移植性好、可重用性高。用高级语言编写的源程序仅需通过编译器转换为机器指令的目标程序，就可以在计算机上高效运行。

世界上绝大多数编程人员都在使用高级语言进行程序开发，常见的高级语言包括 C、C++、C#、Java、Python 等。C++语言是目前最流行、应用最广泛的高级语言之一。

1.2 C/C++发展简史

1972 年，Bell 实验室的 Dennis Ritchie 和 Ken Thompson 共同设计了 C 语言，其初衷是使用它编写 UNIX 操作系统，因此它实际上是 UNIX 的"副产品"。C 语言充分结合了汇编语言和高级语言的优点，高效灵活且易于移植，因此很快在全世界得到广泛应用。

1979 年，Bjarne Stroustrup 加入 Bell 实验室，开始致力于将 C 改良为带类的 C（C with classes）的工作。为了强调它是 C 的增强版，1983 年该语言被正式命名为 C++。

在 20 世纪 90 年代早期，ANSI（American National Standards Institute）与 ISO（International Organization for Standardization）为建立 C++标准专门成立联合标准化委员

会，并在 1994 年 1 月 25 日提出了 C++的第一个标准化草案，该草案保持了 Stroustrup 最初定义的所有特征。

在完成 C++标准化的第一个草案后不久，Alexander Stepanov 创建了标准模板库（Standard Template Library，STL）。在通过了第一个草案之后，委员会投票并通过了将 STL 包含到 C++标准中的提议。STL 对 C++的扩展超出了 C++的最初定义范围。在标准中增加 STL 是一个很重要的决定，但也因此延缓了 C++标准化的进程。

委员会于 1997 年 11 月 14 日通过了该标准的最终草案，1998 年 C++的 ANSI/ISO 标准正式公布。通常该版本的 C++被认为是标准 C++，所有的主流 C++编译器都支持此版本的 C++，包括微软的 Visual C++和 Borland 公司的 C++Builder。

1.3 第一个 C++程序

由浅入深、由易到难的合理编排无疑更有助于循序渐进地突出基本问题、扩展关键概念。在深入学习 C/C++程序设计之前，先通过一个简单示例来了解 C/C++程序的基本结构。本书所有代码均在 Dev-C++环境下测试运行。

【程序 1-1】字符串输出

题目描述
在屏幕上输出"I love C++ programming!"。

输入
无。

输出
输出"I love C++ programming!"。

样例输入
无

样例输出
I love C++ programming!

参考程序

```cpp
#include <iostream>           //使用 cout 必须包含 iostream 头文件
using namespace std;          //使用标准命名空间
int main()                    //每一个 C++源程序均有且仅有一个主函数
{
    cout << "I love C++ programming!" << endl;   //输出"I love C++ programming!"
    return 0;                                     //返回函数值
}
```

说明：

1)"//"为单行注释符，"//"可以单独放置一行，也可以置于本行代码之后。

另一种注释形式"/* … */"为多行注释符，"/*"与"*/"成对存在，可插入到代码的任意位置。注释与程序实际执行无关，但一个好的源程序应该加上必要的注释，以增加该程序的可读性。

2)"#include <iostream>"意为包含头文件"iostream"，C++编程语言中的标准输入流

对象 cin 和标准输出流对象 cout 均包含在该头文件中。

3）C++新标准使用命名空间解决编写大型程序时的名字冲突问题。"using namespace std;"表明该程序使用 std（标准）命名空间，若无该句则"cout"与"endl"前均应加上所属命名空间以域限定符加以限定。也就是说若无"using namespace std;"，则输出语句应改为：

```
std::cout << "I love c++ programming!" << std::endl;
```

4）"int main()"为主函数的函数头。

函数的定义包括函数头和函数体两个部分。函数头由函数类型、函数名称和参数列表三部分组成。圆括号内书写参数列表，即使参数为空，该圆括号也不能省略。

函数头后跟随一对花括号"{}"，花括号中书写函数体的语句。若函数体中无语句则该函数为空函数，即使为空函数该花括号也不能省略。

程序的执行总是开始于 main 函数，结束于 main 函数。任意一个 C/C++源程序可由一个或多个函数构成，但任意一个 C/C++源程序均有且仅有一个 main 函数。

5）"return 0;"为主函数的返回语句，通常为函数的最后一条执行语句。

6）函数体中每一条语句的最后必须以分号";"结束。

1.4 内存与变量

存储器是计算机系统的重要组成部分，是用来存储程序和数据的部件。存储器按其用途可分为主存储器和辅助存储器，主存储器又称内存储器，简称内存，辅助存储器又称外存储器，简称外存。内存存取速度快，是 CPU 能够直接寻址的存储空间。

存储器中每一个字节均对应唯一的编码地址。一个二进制位为一个比特（bit），通常以 8bit 组成一个字节（Byte，B）为基本单位，每 2^{10}（1024）B 为 1KB，2^{10}KB 为 1MB，2^{10}MB 为 1GB，2^{10}GB 为 1TB。

变量是具有特定属性的内存单元，可通过变量名直接引用该存储单元。在 C/C++程序中，变量必须遵循"先定义，后使用"的原则。变量命名遵守以下规则。

1）变量名只能由英文字母、数字和下画线构成。
2）变量名第一个字符不能是数字。
3）变量名不能使用 C/C++关键字，关键字如表 1-1 所示。

表 1-1 C/C++保留的关键字

auto	break	case	char	const	continue	default	do
double	else	enum	extern	float	for	goto	if
int	long	register	return	short	signed	sizeof	static
struct	switch	typedef	union	unsigned	void	volatile	while

4）变量名严格区分大小写。

在程序设计时，为了增加程序代码的可读性，给变量取名时应尽可能做到"见名知意"。定义变量的一般格式如下。

> 数据类型 变量名 1,变量名 2, …,变量名 n;

例如：

```
int a;          //定义一个名称为 a 的整型变量
int a, b, c;    //定义三个整型变量，名称分别为 a、b、c
```

1.5 cin/cout 输入输出

C++不提供专门的输入输出语句，输入和输出均是采用"流"（stream）方式实现，有关流对象 cin、cout 和流运算符的定义等信息均存放于 C++的输入输出流库中。因此，若要在程序中使用 cin、cout 和流运算符，则必须用预处理命令"#include <iostream>"将头文件 iostream 包含到本文件中。

1.5.1 使用 cin 输入

标准输入流 cin 使用流提取运算符">>"从输入设备键盘取得数据，送到输入流对象 cin 中，然后送到指定内存。使用 cin 可以获得多个变量的输入值，其一般格式如下。

> cin>>变量 1>>变量 2>>…>>变量 n;

例如：

```
int a, b;          //定义两个整型变量 a 和 b
double c;          //定义实型变量 c
cin >> a;          //输入一个整数
cin >> b >> c;     //输入一个整数和一个实数
```

若从键盘输入：

> 1 2 3.4↙

执行以上语句序列，则变量 a，b，c 分别获得输入的数据值 1、2 和 3.4。由此可见，cin 语句不仅可以输入一个变量的值，而且可以配合使用运算符">>"输入多个变量的值，甚至可以输入多个不同数据类型变量的值，使用起来非常方便。

1.5.2 使用 cout 输出

标准输出流 cout 使用流插入运算符"<<"将多个输出项插入到输出流对象 cout 中，然后送到输出设备屏幕上。使用 cout 可以输出多个表达式的值，其一般格式如下。

> cout<<表达式 1<<表达式 2<<…<<表达式 n;

例如，若在上述 cin 语句基础上编写如下代码：

```
cout << "a=" << a << endl;
cout << "c=" << c << endl;
```

则屏幕上会输出结果：

```
a = 1
c = 3.4
```

由此可见，cout 语句不仅可以输出一个变量（或表达式）的值，而且可以配合使用运算符"<<"输出多个变量（或表达式）的值，甚至可以输出多个不同数据类型变量（或表达式）的值。

1.5.3 cout 格式控制

使用 cout 要实现格式控制应包含输入输出操作头文件 iomanip。包含头文件命令如下。

```
#include <iomanip>
```

输出整数时，可以使用 hex、oct、dec 等控制符。其中 hex、oct 分别表示十进制整数采用十六进制、八进制格式输出；dec 表示十六进制或八进制整数采用十进制格式输出。例如：

```
cout << hex << 123 << endl;           //输出 7b
cout << oct << 123 << endl;           //输出 173
cout << dec << 0x7b << endl;          //输出 123
cout << dec << 0173 << endl;          //输出 123
```

输出实数时通常使用 fixed 定点形式，用 setprecision(p) 控制实数的输出精度。其中 p 为整数，表示输出实数时小数部分精确到 p 位。

```
double d = 3.1415926;
cout << fixed << setprecision(3) << d << endl;     //输出 3.142
```

输出时设置宽度使用 setw(w)，其中 w 为整数，表示所输出数据占据 w 个字符宽度（默认右对齐），若该数不足 w 位则左补空格，若超出 w 位则按实际位数输出。

```
cout << setw(6) << 123 << endl;              //右对齐输出 123
cout << left << setw(6) << 123 << endl;      //左对齐输出 123
```

1.6 整数的表示

整数类型的数可以用二进制、八进制、十进制和十六进制表示。进制由符号集和两个基本因素"基数"与"位权"构成，"基数"指符号集中不同符号的个数，"位权"指进制中每一固定位对应的权值。符号是有限的，而将这些符号进行排列组合得到的数字串是无限的。

1.6.1 进制转换

十进制是基于 10 个符号（0~9）的数制，二进制是基于 2 个符号（0~1）的数制。进制转换的基本原则是转换前后数值大小保持不变，如二进制的 111 与十进制 7 数值大小相同。

1. 十进制转二进制

对于整数部分，用被除数反复除以 2（第一次取该整数为被除数，以后每次均取前一次商的整数部分作被除数），依次记下每次的余数，将所得余数倒序排列，便是转换后的二进制数。对于小数部分，采用连续乘以基数 2 并依次取出整数部分，直至其小数部分为 0 结束。

以十进制数 53.375 转换成二进制数为例：整数部分 53 连续多次除以 2 得到的余数依次是 1、0、1、0、1、1，将所有余数倒序排列为 110101；小数部分 0.375 连续乘以 2 并取整数依次是 0、1、1。因此十进制数 53.375 转换成二进制数为 110101.011。

2. 二进制转十进制

在二进制中，每一位都有一个特定的位置，这些位置通常是从右到左进行编号的，编号从 0 开始。因此，二进制数的第 0 位是指最右边的那一位。

二进制转换成十进制时，将二进制数第 0 位乘以权值 2 的 0 次方，第 1 位乘以权值 2 的 1 次方，……，第 n 位乘以权值 2 的 n 次方，相加后即得十进制数。设有一个二进制数：0110 0100，转换成十进制为：$2^2+2^5+2^6=100$，因此二进制数 0110 0100 转换成十进制数为 100。

3. 二进制转八进制

二进制转换成八进制时，将二进制数从右到左每三位分为一组，缺位处用 0 填补，再将每组按二进制转十进制方法转换即可。如二进制数 0101 1111 转换成八进制数为 137。

4. 二进制转十六进制

二进制转换成十六进制时，将二进制数从右到左每四位分为一组，缺位处用 0 填补，然后每组按二进制转十进制方法转换，注意十进制方法中的 10～15 在十六进制中分别用 A～F 替代。如二进制数 0101 1111 转换成十六进制数为 5F。

1.6.2 补码概念

计算机中的有符号数有三种表示形式，即原码、反码和补码。三种表示形式均由符号位和数值位两部分组成；符号位都是用 0 表示"正"，用 1 表示"负"；而数值位三种表示方法各不相同。原码、反码与补码的表示规则如下。

1）原码表示法的最高位为符号位，正数该位为 0，负数该位为 1；其余位为数值位，表示数值的大小，为该数绝对值的二进制形式。

2）正数的反码与原码相同，负数的反码为该数原码的符号位不变，数值位取反（0 变为 1，1 变为 0）。反码通常用作原码和补码之间的过渡码。

3）正数的补码与原码相同，负数的补码为该数反码加 1。

在计算机系统中，数值一律用补码来表示和存储。原因在于，一方面补码可以将符号位与数值位统一处理；另一方面，补码也可以将加法和减法运算统一处理。

补码符号位所具有的数学特征，体现了补码在计算机系统中数据表示和运算的优势。以编译系统为短整型数据分配 2 个字节存储空间为例，十进制数 13 的二进制形式是 1101，其在存储单元中数据形式如图 1-1 所示。十进制数-13 的原码、反码和补码如图 1-2 所示。

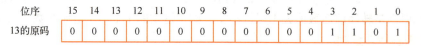

图 1-1　十进制数 13 在存储单元中的数据形式

-13的原码	1	0	0	0	0	0	0	0	0	0	0	0	1	1	0	1
-13的反码	1	1	1	1	1	1	1	1	1	1	1	1	0	0	1	0
-13的补码	1	1	1	1	1	1	1	1	1	1	1	1	0	0	1	1

图 1-2 十进制数-13 的原码、反码和补码

1.6.3 整数类型

C/C++系统的整数类型包括基本整型（int）、短整型（short int）、长整型（long int）和双长整型（long long int）。整数类型前可加 signed 限定为有符号整数，或 unsigned 限定为无符号整数，缺省时默认为有符号整数。有符号整数在存储单元中最高位为符号位，正数该位为 0，负数该位为 1。Dev-C++环境中各种整数类型数据所占用存储单元长度及取值范围详见表 1-2。

表 1-2 整数类型数据所占用存储单元的长度及取值范围

整数类型	字节数	取值范围
[signed] int	4	$-2147483648 \sim 2147483647(-2^{31} \sim 2^{31}-1)$
unsigned [int]	4	$0 \sim 4294967295(0 \sim 2^{32}-1)$
[signed] short [int]	2	$-32768 \sim 32767(-2^{15} \sim 2^{15}-1)$
unsigned short [int]	2	$0 \sim 65535(0 \sim 2^{16}-1)$
[signed] long [int]	4	$-2147483648 \sim 2147483647(-2^{31} \sim 2^{31}-1)$
unsigned long [int]	4	$0 \sim 4294967295(0 \sim 2^{32}-1)$
[signed] long long [int]	8	$-9223372036854775808 \sim 9223372036854775807(-2^{63} \sim 2^{63}-1)$
unsigned long long [int]	8	$0 \sim 18446744073709551615(0 \sim 2^{64}-1)$

C/C++标准并没有具体规定各种类型数据所占用存储单元的长度，具体由各编译系统自行决定，只是要求 sizeof(short)<=sizeof(int)<=sizeof(long)<=sizeof(long long)。

【程序 1-2】两整数之和

题目描述

输入两个整数，计算两个整数之和。

输入

输入两个整数，两个整数用空格隔开。

输出

输出为两个整数的和，单独占一行。

样例输入

1 2

样例输出

3

参考程序

```
#include <iostream>
using namespace std;
int main()
{
```

```
        int a, b;
        cin >> a >> b;
        cout << a + b << endl;
        return 0;
    }
```

【程序 1-3】分铅笔

题目描述

有 m 支铅笔分给 n 位同学（且 m > n），请问每位同学平均可分几支？还剩几支？

输入

输入两个整数 m 和 n，分别表示铅笔的总数和学生的人数（m > n）。

输出

输出空格分隔的两个整数，分别表示每位同学分配的铅笔数量及剩余的数量。

样例输入

163 32

样例输出

5 3

参考程序

```
#include <iostream>
using namespace std;
int main()
{
    int m, n;
    cin >> m >> n;
    cout << m / n << " " << m % n << endl;
    return 0;
}
```

1.7 浮点类型

浮点表示法是目前为止使用最广泛的实数表示方法。相对于定点数而言，浮点数利用指数使小数点的位置根据需要左右浮动，从而可以灵活地表达更大范围的实数。在处理浮点型数据时，计算机系统将其分成小数和指数两个部分加以存储。浮点数类型包括单精度浮点型（float）、双精度浮点型（double）和长双精度浮点型（long double）。

同整数类型一样，C/C++也没有规定各种浮点型所占用存储单元的长度，具体由各编译系统自行决定。Dev-C++环境中各种浮点类型数据所占用存储单元长度及取值范围见表 1-3。

表 1-3 浮点类型数据所占用存储单元的长度及取值范围

整数类型	字节数	有效数字	绝对值取值范围
float	4	6	0 以及 $1.2 \times 10^{-38} \sim 3.4 \times 10^{38}$
double	8	15	0 以及 $2.3 \times 10^{-308} \sim 1.7 \times 10^{308}$
long double	16	19	0 以及 $3.4 \times 10^{-4932} \sim 1.1 \times 10^{4932}$

数学函数在 C/C++语言中扮演着重要的角色，用于各种数学计算和处理。一些常见的数据计算函数、数学运算函数、三角函数等分别见表 1-4~表 1-6。

表 1-4　绝对值与取整函数

函　　数	功　　能
int abs(int i)	返回整数的绝对值
double fabs(double d)	返回双精度数的绝对值
long labs(long n)	返回长整型数的绝对值
double ceil(double d)	向上取整
double floor(double d)	向下取整
double round(double d)	四舍五入

表 1-5　指数、对数、开方函数

函　　数	功　　能
double log(double x)	返回自然对数 lnx 的值
double log10(double x)	返回常用对数 lgx 的值
double pow(double x, double y)	返回 x 的 y 次幂
double sqrt(double x)	返回 x 的平方根

表 1-6　三角函数

函　　数	功　　能
double sin(double x)	返回 x 的正弦函数 sinx 的值，x 为弧度
double cos(double x)	返回 x 的余弦函数 cosx 的值，x 为弧度
double tan(double x)	返回 x 的正切函数 tanx 的值，x 为弧度
double asin(double x)	返回 x 的反正弦函数 asinx 的值，x 为弧度
double acos(double x)	返回 x 的反余弦函数 acosx 的值，x 为弧度
double atan(double x)	返回 x 的反正切函数 atanx 的值，x 为弧度

【程序 1-4】圆面积

题目描述

输入一个浮点类型数 r，计算半径为 r 的圆面积（取 π = 3.14）。

输入

输入一个浮点类型数 r 表示圆的半径。

输出

该圆的面积。

样例输入

2.3

样例输出

16.6106

参考程序

```
#include <iostream>
using namespace std;
int main()
{
```

```
        double r;
        cin >> r;
        cout << 3.14 * r * r <<endl;
        return 0;
}
```

【程序 1-5】整数位数

题目描述

输入一个正整数,输出其位数。

输入

输入一个正整数。

输出

输出正整数的位数。

样例输入

123

样例输出

3

参考程序

```
#include <iostream>
#include <cmath>
using namespace std;
int main()
{
        int num, n;
        cin >> num;
        n = log10(num) + 1;
        cout << n << endl;
        return 0;
}
```

1.8 字符类型

在 C/C++中,字符类型分为无符号字符类型和有符号字符类型。字符类型数据占一个字节,以其对应 ASCII 码的二进制形式存储,因此可看作是存储空间和取值范围更小的整数类型。如大写字符 'A' 和小写字符 'a' 的 ASCII 码值分别为 65 和 97,字符 '0' 和字符 '1' 的 ASCII 码值分别为 48 和 49,它们在内存中的实际存储情形如图 1-3 所示。

位序	7	6	5	4	3	2	1	0
字符 'A'	0	1	0	0	0	0	0	1
字符 'a'	0	1	1	0	0	0	0	1
字符 '0'	0	0	1	1	0	0	0	0
字符 '1'	0	0	1	1	0	0	0	1

图 1-3 字符'A'、'a'、'0'、'1'在内存中的实际存储

字符类型数据所占用存储单元的长度及取值范围见表 1-7。

表 1-7 字符类型数据所占用存储单元的长度及取值范围

字符类型	字节数	取值范围
signed char	1	$-2^7 \sim 2^7-1$
unsigned char	1	$0 \sim 2^8-1$

【程序 1-6】 字母位序

题目描述

输入一个小写英文字母，输出其在英文字母表中的位序。

输入

一个小写英文字母。

输出

该字母在英文字母表中的位序。

样例输入

c

样例输出

3

参考程序

```cpp
#include <iostream>
using namespace std;
int main()
{
    char c;
    cin >> c;
    cout << c - 'a' + 1 << endl;
    return 0;
}
```

1.9 程序设计步骤与流程图

程序是为解决特定问题而采用某种语言编写的一系列语句和指令。程序设计是为解决特定问题而设计与编写程序的过程，是软件构造活动中的重要组成部分。程序设计过程应当包括问题分析、算法设计、程序编写、调试测试、撰写文档等不同阶段。

1.9.1 程序设计步骤

1）分析问题：分析问题是程序设计的第一步，在此阶段要理解目标任务、明确输入输出、研究限制条件，找出问题蕴含的规律特性，选择合适的方法来解决实际问题。

2）设计算法：即设计出解题的具体方法和详细步骤。

3）编写程序：将设计的算法转换为计算机程序设计语言的程序代码。

4)调试测试:程序编写完成后,应首先进行静态审查,即人工检查程序的语法和功能,经过编辑、编译、链接,然后运行。若在编译、链接、运行时发现错误,则找到错误并在改正后再次编译、链接、运行,直至得到正确结果。

5)撰写文档:许多程序是提供给用户使用的,如同正式的产品应当提供产品说明书一样,正式提供给用户使用的程序,必须向用户提供程序说明书。内容应包括程序名称、程序功能、运行环境、程序的装载和启动、需要输入的数据以及使用注意事项等。

1.9.2 程序流程图

程序流程图是一种描述程序执行过程的图形表示方法,使程序执行过程更加直观清晰、易于理解。程序流程图包含处理框、判断框、起止框、流程线、输入/输出框等基本元素,如图1-4所示。各元素具体说明如下。

1)起止框用圆角矩形表示,代表程序的开始或结束。
2)输入/输出框用平行四边形表示,在平行四边形内写明输入或输出的内容。
3)处理框用矩形表示,代表程序中的处理功能。
4)判断框用菱形表示,用于对条件进行判断,根据条件是否成立来决定如何执行后续操作。
5)流程线用实心单向箭头表示,用于指示程序执行的路径和方向。

a) 起止框   b) 输入/输出框   c) 处理框   d) 判断框   e) 流程线

图1-4 程序流程图基本元素

任何复杂的算法均可由顺序、选择和循环这三种基本结构的组合来表达。基本结构之间可以并列、包含,但不允许交叉,不允许从一个结构直接转到另一个结构的内部。

① 顺序结构。顺序结构如图1-5a所示,其中A和B两个操作顺序执行,即在执行完A操作之后再执行B操作。顺序结构是最简单的程序结构,也是最常用的程序结构。

② 选择结构。选择结构也称为分支结构,如图1-5b所示。选择结构流程图中必定包含一个判断框,通过判断给定条件P是否成立来选择A、B其中之一执行。

③ 循环结构。循环结构可分为当型循环和直到型循环两种。当型循环结构如图1-5c所示,先判断条件,若条件成立则执行循环体;直到型循环结构如图1-5d所示,先执行循环体再判断条件。

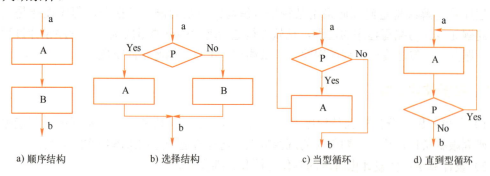

a) 顺序结构   b) 选择结构   c) 当型循环   d) 直到型循环

图1-5 顺序结构、选择结构、循环结构的流程图

1.10 本章实例

【程序 1-7】数位分离

题目描述

输入一个三位正整数,依次输出其个位、十位和百位上的数字。

输入

输入一个三位正整数。

输出

依次输出个位、十位、百位上的数字,数字间以空格分隔。

样例输入

123

样例输出

3 2 1

参考程序

```
#include <iostream>
using namespace std;
int main()
{
    int n;
    cin >> n;
    cout << n % 10 << ' ' << n / 10 % 10 << ' ' << n / 100;
    return 0;
}
```

【程序 1-8】四则运算

题目描述

输入两个正整数 a 和 b,计算并输出它们的和、差、积、商及余数。

输入

输入两个正整数 a 和 b。

输出

输出占一行,包括两个数的和、差、积、商及余数,数据之间用一个空格分隔。

样例输入

1 2

样例输出

3 -1 2 0 1

参考程序

```
#include <iostream>
using namespace std;
int main()
{
    int a, b;
```

```
        cin >> a >> b;
        cout << a + b << ' ' << a - b << ' ' << a * b << ' ' << a / b << ' ' << a % b << endl;
        return 0;
    }
```

【程序 1-9】等差数列求和

题目描述

输入三个整数，分别表示等差数列的第一项、最后一项和公差，求该数列的和。

输入

输入三个整数，分别为等差数列的首项、末项和公差，整数之间用空格分隔。

输出

输出一个整数，为该等差数列的和。

样例输入

2 11 3

样例输出

26

参考程序

```
    #include <iostream>
    using namespace std;
    int main()
    {
        int a, b, c, x, y;
        cin >> a >> b >> c;
        x = (b - a) / c + 1;
        y = (a + b) * x / 2;
        cout << y << endl;
        return 0;
    }
```

习题

一、选择题

1. 下列属于 C/C++ 中合法变量名的是（   ）。
   A. e-1   B. _if   C. 321a   D. else
2. 下列选项中，不能用作变量名的是（   ）。
   A. 2_int   B. _1_2   C. int_2_   D. _1234_
3. 一个 C/C++ 程序的执行是从（   ）。
   A. 本程序的 main 函数开始，到本程序文件的最后一个函数结束
   B. 本程序文件的第一个函数开始，到本程序文件的最后一个函数结束
   C. 本程序的 main 函数开始，到 main 函数结束
   D. 本程序文件的第一个函数开始，到本程序的 main 函数结束

4. 以下叙述正确的是（　　）。
   A．C/C++程序中 main 函数必须位于程序的最前面
   B．C/C++程序的每行只能写一条语句
   C．C/C++本身没有输入输出语句
   D．在对一个 C/C++程序进行编译的过程中，可发现注释中的语法错误
5. 在一个 C/C++源程序中，main 函数的位置（　　）。
   A．必须在最前面
   B．必须在系统调用的库函数的后面
   C．可以在任意位置
   D．必须在最后面
6. 以下叙述不正确的是（　　）。
   A．一个 C/C++源程序可由一个或多个函数组成
   B．一个 C/C++源程序必须包含且仅包含一个 main 函数
   C．C/C++程序的基本组成单位是函数
   D．在 C/C++程序中，注释说明只能位于一条语句的后面
7. 以下叙述不正确的是（　　）。
   A．注释说明被计算机编译系统忽略
   B．注释说明必须跟在"//"之后，不能换行，或者括在"/*"和"*/"之间
   C．注释符"/"和"*"之间不能有空格
   D．在 C/C++程序中，注释说明只能位于一条语句的后面
8. 下面叙述中正确的是（　　）。
   A．C/C++程序的基本组成单位是语句
   B．C/C++语句必须以分号结束
   C．C/C++程序中的每一行只能写一条语句
   D．C/C++程序必须在一行内写完
9. C++语言的源程序通常的扩展名是（　　）。
   A．.cpp　　　　B．.c　　　　C．.obj　　　　D．.exe
10. C++语言属于（　　）。
    A．机器语言　　　B．汇编语言　　　C．高级语言　　　D．低级语言

二、填空题

1. 程序设计语言的发展经历了几个阶段：机器语言、汇编语言和_____。
2. 一个完整的 C/C++程序可以有多个函数，其中有且只能有一个名为_____的函数。
3. 一个 C/C++程序总是从_____开始执行。
4. C/C++中的标识符只能由字母、数字和下画线三种字符组成，其中第一个字符必须是字母或_____。
5. 进制由符号集和两个基本因素"基数"与"位权"构成，_____指符号集中不同符号的个数，_____指进制中每一固定位对应的权值。
6. 十进制数 53.375 转换为二进制数是_____。
7. 十进制数-1 的短整型二进制补码形式是_____。
8. 十进制数-2^{15}的短整型二进制补码形式是_____。

9. 十进制数-1 的短整型十六进制补码形式是_____。

10. 若在某个 C/C++编译系统中,如果一个变量能正确存储的数据范围为整数-32768～32767,则该变量在内存中占_____个字节。

11. 任何复杂的算法均可由顺序、选择和_____这三种基本结构的组合来表达。

12. 若要声明一个无符号整型变量 t,则正确的声明形式是"_____ int t;"。

三、编程题

1. 乘法公式

题目描述

输入两个整数,输出如样例输出所示的乘法公式。

输入

输入两个整数 a,b。

输出

输出"a*b=c",c 是 a 与 b 的乘积。

样例输入

3 6

样例输出

3*6=18

2. 立方数

题目描述

输入一个正整数 x（x<1000）,求其立方数并输出。

输入

输入一个正整数 x。

输出

输出 x 的立方的值。

样例输入

5

样例输出

125

3. 圆柱体表面积

题目描述

输入圆柱体的底面半径 r 和高 h,计算圆柱体的表面积并输出到屏幕上。要求定义圆周率为浮点数类型,即"double PI = 3.14159;"。

输入

输入两个实数,分别为圆柱体的底面半径 r 和高 h。

输出

输出一个实数,即圆柱体的表面积,保留 2 位小数。

样例输入

42.1 71.6

样例输出

30076.14

第 2 章 顺 序 结 构

顺序结构是最简单、最常用的程序控制结构,其控制流程是按语句出现的先后顺序逐条执行的,一条语句执行完毕后,控制便自动转到下一条语句。作为 C/C++ 程序设计的必要基础,本章首先详细讲解常量及其数据类型、运算符与表达式、数据类型转换,以及使用 scanf/printf 方式实现的输入输出,最后给出一些比较典型的顺序结构程序设计实例。

2.1 常量

在 C/C++ 语言中,数据分为常量和变量两大类。常量和变量均有类型之分,常量按照不同的数据类型可分为整型常量、浮点型常量、字符常量以及字符串常量等。

1. 整型常量

如 1、0、-1、0b1011(二进制)、012(八进制)、0x12(十六进制)等都是整型常量。

2. 浮点型常量

浮点型常量有小数和指数两种形式。

1)小数形式,由数字和小数点组成,如 1.23、0.2、.2、2.、0.0、-3.45 等。

2)指数形式,如 1.234e5(表示 1.234×10^5)、2E9、-3.45E-6 等。注意,e/E 前必须有数,e/E 后必须为整数。

3. 字符常量

字符常量有普通字符和转义字符两种形式。

1)普通字符,只能用英文单引号括起来的一个字符。如'A'、'a'、'0'、'#'、'*'等。

2)转义字符,常见的转义字符及其含义见表 2-1。

表 2-1 常见的转义字符及其含义

转义字符	字符含义	输出效果
\'	一个单引号	输出单引号
\"	一个双引号	输出双引号
\?	一个问号	输出问号
\\	一个反斜杠	输出反斜杠
\a	警告	发出警告声音
\b	退格	光标后退一个字符
\n	换行	光标移至下一行开头
\r	回车	光标移至本行开头
\t	水平制表符	光标移至下一个 TAB 位置
\v	垂直制表符	光标移至下一个垂直制表对齐位
\ddd,其中 ddd 是 1~3 位八进制数	与该八进制对应 ASCII 码的字符	输出对应 ASCII 码的字符
\xhh,其中 hh 是 1 或 2 位十六进制数	与该十六进制对应 ASCII 码的字符	输出对应 ASCII 码的字符

4．字符串常量

字符串常量是由双引号括起来的零个或多个字符序列，如"china""123"等。

常量可使用常变量的方式实现，定义常变量的一般格式如下。

> const 变量类型 标识符=初始值;

如"const double PI=3.14159;"的含义是定义一个双精度浮点型常量 PI，其值为3.14159。注意，常变量具有变量的基本属性，即有数据类型，占存储单元，只是在程序运行过程中不允许改变其值。

2.2 运算符与表达式

常用的运算符包括算术运算符、比较运算符、位运算符、逻辑运算符、赋值运算符、自增和自减运算符等。由运算符、操作数和括号构成的式子称为表达式。

2.2.1 算术运算符与算术表达式

算术表达式是由常量、变量、函数、圆括号和算术运算符+、-、*、/、%等组成的式子。一个常量、一个变量（已赋过值）、一个函数（有返回值）都是合法的表达式，它们是表达式的简单形式。例如"5.0 + sqrt(4.0)"就是一个表达式。算术运算符及其含义见表2-2。

表2-2 算术运算符及其含义

运算符	含义	说明	例子
+	加法	加法运算	2+3=5
-	减法	减法运算	6-1=5
*	乘法	乘法运算	2*3=6
/	除法	两个整数相除的结果是整数去掉小数部分	3/2=1
%	模	模运算结果取决于被除数的符号	11%4=3
+	正号	正号运算符	+3=3
-	负号	负号运算符	-3=-3

2.2.2 赋值运算符与赋值表达式

赋值运算符"="的作用就是将某一数值赋给某个变量。由"="将一个变量和一个表达式连接起来的式子称为赋值表达式，赋值表达式的末尾加上分号就构成赋值语句。执行赋值操作后，变量的取值就是整个赋值表达式的值。

在赋值语句中，赋值运算符"="的左边必须是一个变量，赋值语句执行后，值被存入"="左侧变量对应的存储空间中。赋值运算符"="的结合性为从右向左，因此赋值语句"a=b=3;"的执行过程是：先执行赋值操作"b=3"，再将该赋值表达式的值 3 赋给变量 a。

C/C++中许多双目运算符可以与赋值运算符一起构成复合的赋值运算符，包括算术运算符+、-、*、/、%，和位运算符<<、>>、&、|、^。复合赋值表达式的一般格式如下。

> <变量><双目运算符>=<表达式>

等价于：

> \<变量\>=\<变量\>\<双目运算符\>\<表达式\>

例如,"a += 3;"与"a = a + 3;"等价。

2.2.3 逗号运算符与逗号表达式

C/C++中逗号也是一种运算符,用逗号把几个表达式连接起来构成的表达式称为逗号表达式。逗号表达式的一般格式如下。

> 表达式 1, 表达式 2, …, 表达式 n

逗号运算符的结合方向为从左向右,最后一个表达式的取值就是整个逗号表达式的值。在 C/C++的所有运算符中,逗号运算符的运算优先级别最低。

如,"a = 3, a*3"是一个逗号表达式,该逗号表达式的取值为 9。

2.2.4 自增运算符与自减运算符

"++"为自增运算符,其作用是使变量的值加 1,"--"为自减运算符,其作用是使变量的值减 1。这两种运算符只能用于数值类型的变量,不能用于非数值类型的变量、常量、表达式和函数调用等情形。

++可以置于变量之前,也可以放在变量之后。"++i"表示"i 自增 1 后再参与其他运算";而"i++"则表示"i 参与运算后其值再自增 1"。自减运算符与自增运算符用法相同,仅在功能含义上变"加"为"减"而已。

如"a = i++;"与"a = i; i++;"等价,"a = ++i;"与"i++; a = i;"等价。

与复合赋值运算符"+="相比,自增运算符更加清晰简洁,且可以控制自增效果作用于运算之前还是之后,具有很大的便利性。自减运算符与"-="比较亦同此理。

2.2.5 位运算符

位运算符用来对二进制位进行操作,其操作数只能为整型或字符型数据。位运算符中,除"~"以外,其余均为双目运算符。

1. 按位与运算"&"

按位与"&"是双目运算符,参加运算的两个数以补码形式按二进制位进行"与"运算。

运算规则:0&0=0;0&1=0;1&0=0;1&1=1;即两位同时为 1 结果才为 1,否则为 0。例如,3&5=1,即 0000 0011 & 0000 0101 = 0000 0001。

```
    3: 0000 0011
 &  5: 0000 0101
   ─────────────
       0000 0001
```

"与运算"的常见用途如下。

1)清零指定位。构造一个数,对于 X 要清零的位,该数的对应位为 0,其余位为 1,此数与 X 进行"与运算"可以得到 X 清零指定位的结果。例如,设 X=10101110,指定 X 的低 4 位清零,用 X & 1111 0000 = 1010 0000 即可得到;还可用来指定 X 的特定位清零,如对 X 的 2、4、6 位清零。

2）保留指定位。构造一个数，对于 X 要保留的位，该数的对应位为 1，其余位为 0，此数与 X 进行"与运算"可以得到 X 保留指定位的结果。例如，设 X=10101110，保留 X 的低 4 位，用 X & 0000 1111 = 0000 1110 即可得到；还可用来保留 X 的特定位，如保留 X 的 2、4、6 位。

2. 按位或运算"|"

"|"是双目运算符，参加运算的两个数以补码形式按二进制位进行"或"运算。

运算规则：0|0=0；0|1=1；1|0=1；1|1=1；即两位只要有一个为 1 结果就为 1，否则为 0。例如，3|5=7，即 0000 0011 | 0000 0101 = 0000 0111。

```
    3： 0000 0011
  | 5： 0000 0101
        0000 0111
```

"或运算"常用来对一个数的某些位置 1。构造一个数，对于 X 要置 1 的位，该数的对应位为 1，其余位为 0。此数与 X 进行"或运算"可使 X 中的某些位置 1。例如，将 X=10100000 的低 4 位置 1，用 X | 0000 1111 = 1010 1111 即可。

3. 按位异或运算"^"

"^"是双目运算符，参加运算的两个数以补码形式按二进制位进行"异或"运算。

运算规则：0^0=0；0^1=1；1^0=1；1^1=0；即两位相异结果为 1，否则为 0。例如，3^5=6，即 0000 0011 ^ 0000 0101 = 0000 0110。

```
    3： 0000 0011
  ^ 5： 0000 0101
        0000 0110
```

"异或运算"的常见用途如下。

1）使特定位翻转。构造一个数，对于 X 要翻转的位，该数的对应位为 1，其余位为 0，此数与 X 进行"异或运算"即可。例如，X=10101110，使 X 的低 4 位翻转，用 X ^ 0000 1111 = 1010 0001 即可。

2）与 0 相异或，保留原值。例如，X=10101110，X ^ 0000 0000 = 1010 1110。

3）基于异或运算，可以不定义新变量而交换两个变量的值。"a = a ^ b; b = a ^ b; a = a ^ b;"，同样可基于加减法，不定义新变量而交换两个变量的值："a = a + b; b = a − b; a = a − b;"。

4. 按位取反运算"~"

"~"是单目运算符，用于对一个整数以补码形式按二进制位取反，1 变为 0，0 变为 1。例如，~9 的运算为：~(0000 1001) = 1111 0110。

```
  ~ 9： 0000 1001
        1111 0110
```

5. 左移运算"<<"

"<<"是双目运算符，其功能是将运算符"<<"左边的数按二进制位左移，参与运算的数以补码形式参加左移运算。

"m<<n"表示把 m 按二进制位补码形式左移 n 位。左移 n 位的时候，最左边的 n 位将被丢弃，同时在最右边补上 n 个 0。如：0000 1010<< 2=0010 1000，1000 1010<< 3=0101 0000。

6. 右移运算">>"

">>"是双目运算符，其功能是将运算符">>"左边的数按二进制位右移，参与运算的数以补码形式参加右移运算。

"m>>n"表示把 m 按二进制位补码形式右移 n 位。右移 n 位的时候，最右边的 n 位将被丢弃。但右移时处理最左边位的情形要稍微复杂一点：若 m 是一个正数或无符号数，则最左边的 n 位用 0 填补；若 m 是一个有符号负数，则最左边的 n 位补 0 还是补 1 取决于所用的计算机系统，补 0 方式称为"逻辑右移"（不保留符号），补 1 方式称为"算术右移"（保留符号）。以算术右移为例：0000 1010>>2=0000 0010，1000 1010>>3=1111 0001。

2.2.6 运算符的优先级

各种运算符的优先级见表 2-3，表中运算符的优先级从上到下依次降低。当表达式含有多种不同优先级的运算符时，为了有效避免可能出现的错误，建议在表达式中合理地插入括号，以确保所有运算均能依照既定的逻辑顺序准确无误地执行。

表 2-3 运算符的优先级

运算符及含义	运算种类	结合方向
.（对象成员） ->（指针） []（数组下标） ()（函数调用）		从左向右
++（自增） --（自减） （类型名）（强制类型转换） sizeof（求类型长度） ~（按位取反） !（逻辑非） +（正号） -（负号） *（指针） &（取地址）	单目运算	从右向左
*（乘法） /（除法） %（取余）	双目运算	从左向右
+（加法） -（减法）	双目运算	从左向右
<<（左移） >>（右移）	双目运算	从左向右
>（大于） <（小于） >=（大于或等于） <=（小于或等于）	双目运算	从左向右
==（判断相等） !=（判断不等）	双目运算	从左向右
&（按位与）	双目运算	从左向右
^（异或）	双目运算	从左向右
|（按位或）	双目运算	从左向右
&&（条件与）	双目运算	从左向右
||（条件或）	双目运算	从左向右
?:（条件运算符）	三目运算	从右向左
= *= /= %= += -= &= |= ^= >>= <<=	双目运算	从右向左
,		从左向右

单目运算符表示其运算对象为一个，双目运算符表示其运算对象为两个；结合方向表示当一个运算对象两侧的运算符的优先级别相同时，应遵循的结合处理方向。在表 2-3 中，运算符优先级从上往下依次降低：单目运算符>双目运算符>三目运算符>赋值运算符>逗号运算符。在双目运算中，运算符优先级从高到低依次为：算术运算符>位移运算符>关系运算符>逻辑运算符。

2.3 数据类型转换

数据类型转换在计算机编程中是一个重要的概念，它指的是将一个数据类型转换为另一个数据类型的过程。这种转换可以是隐式的（自动类型转换），也可以是显式的（强制类型转换)。

2.3.1 自动类型转换

在不同数据类型的混合运算中,编译器会隐式地进行数据类型转换,这种隐式进行的类型转换称为自动类型转换。自动类型转换遵循以下原则。

1) 如果参与运算的数据类型不同,那么先转换成同一类型再进行运算。
2) 转换朝着数据长度增加的方向进行,以保证精度不降低。
3) 在赋值运算中,当赋值号两边的数据类型不相同时,将把右边表达式值的类型转换为左边变量的类型。若右边表达式的数据类型长度比左边长,则会丢失部分数据。
4) 在赋值语句中,赋值号两边的数据类型一定是相兼容的类型,否则编译时会报错。

【程序 2-1】 ASCII 码加倍

题目描述

输入一个字符,将其对应的 ASCII 码值乘以 2 再输出。

输入

输入一个字符。

输出

字符对应的 ASCII 码值乘以 2 的结果。

样例输入

A

样例输出

130

参考程序

```cpp
#include <iostream>
using namespace std;
int main()
{
    char c;          //字符类型数据以 ASCII 码存储,可看作是长度和范围更小的整数类型
    cin >> c;
    int a = c;       //字符变量 c 的值与整型兼容,可直接将该值赋给变量 a
    cout << a * 2 << endl;
    return 0;
}
```

2.3.2 强制类型转换

当自动类型转换不能实现目的时,可以利用强制类型转换将一个表达式转换成所需的类型,这种显式进行的类型转换称为强制类型转换。强制类型转换的一般格式如下。

(类型名)(表达式)

如:(double)a 是将 a 的值转换成 double 类型,而(int)(x+y)是将 x+y 的值转换为整型。需要说明的是,无论是强制转换还是自动转换,均是为了本次运算需要得到一个所需类型的中间数据,不会改变最初定义变量时的数据类型。

【程序 2-2】向零取整

题目描述

输入一个双精度浮点数,将其向 0 舍入到整数。向 0 舍入的含义是"正数向下舍入,负数向上舍入"。

输入

输入一个双精度浮点数。

输出

该双精度浮点数向 0 舍入的整数。

样例输入

3.14

样例输出

3

参考程序

```
#include <iostream>
using namespace std;
int main()
{
    double a;
    cin >> a;
    cout << (int) a << endl;
    return 0;
}
```

【程序 2-3】虫子吃苹果

题目描述

小明买了一箱苹果共有 n 个,但不幸的是箱子里混进了一条虫子。虫子每 x 小时能吃掉一个苹果,假设虫子在吃完一个苹果之前不会吃另一个,那么经过 y 小时后这箱苹果中还有多少个苹果没有被虫子吃过?

输入

输入三个整数 n、x、y,分别表示一箱苹果的个数,虫子吃完一个苹果所需的时间和已经过去的时间。

输出

剩余的好苹果的个数。

样例输入

3 2 1

样例输出

2

参考程序

```
#include <iostream>
#include <cmath>
using namespace std;
```

```cpp
int main()
{
    int n, x, y, eat_int, rest;
    cin >> n >> x >> y;
    double eat_dou = (double)y / x;        //本句可改为：double eat_dou = 1.0 * y / x
    eat_int = ceil(eat_dou);               // ceil()为向上取整函数
    if (eat_int < n)
      rest = n - eat_int;
    else
      rest = 0;
    cout << rest << endl;
    return 0;
}
```

说明：

1）整数除以整数，其结果仍为整数（如 5/3=1），因此使用"1.0*y"得到实数结果，再除以 x 便得到 double 类型的 eat_dou。也可使用"(double)y"将表达式 y 的值强制转换为浮点型。

2）程序中使用了数学函数 ceil()，因此需要预先包含定义该函数的头文件 cmath。常用的数学函数见表 1-4～表 1-6。

【程序 2-4】 三个整数之和

题目描述

求三个整数的和。

输入

输入三个整数，中间用空格分隔。

输出

三个整数的和。

样例输入

1234567890 1234567890 1234567890

样例输出

3703703670

参考程序

```cpp
#include <iostream>
using namespace std;
int main()
{
    int a, b, c;
    cin >> a >> b >> c;
    long long sum = (long long)a + b + c;      //不能写成"long long sum = a + b + c;"
    cout << sum << endl;
    return 0;
}
```

2.4 scanf/printf 输入输出

C++语言兼容 C 语言的基本语法语句，C++程序同样可使用 C 中的 scanf/printf 函数完成数据的输入输出，其效率优于 cin/cout 方式的输入输出。对于不同数据类型变量和表达式的输入输出，scanf/printf 函数有严格对应的配对格式控制，使用前须包含头文件 cstdio。在 Dev-C++环境中，即使没有显式包含 cstdio，scanf 和 printf 函数也可以正常使用，这是因为在包含了 iostream 头文件时，编译器间接地包含了 cstdio。

2.4.1 printf 格式输出函数

printf 用于向输出设备输出数据，printf 函数调用的一般格式如下。

printf(格式控制字符串，输出列表)

其中，格式控制字符串用于指定输出格式，是双引号括起来的一个字符串，由格式字符串和非格式字符串组成。非格式字符串在输出时按原样输出；格式字符串由百分号%紧跟格式字符组成，以说明输出数据的类型、长度、小数位数等。printf 函数的格式符见表 2-4。

表 2-4 printf 函数的格式符

格 式 符	说　　明
%d（或%i）	输出带符号十进制整数（正数不输出符号）
%x（或%X）	输出无符号十六进制整数（不输出前缀 0x）
%o	输出无符号八进制整数（不输出前缀 0）
%u	输出无符号十进制整数
%f	以十进制形式输出单、双精度实数（默认保留 6 位小数）
%e（或%E）	以指数形式输出单、双精度实数（默认保留 6 位小数）
%g（或%G）	自动选用%f 或%e 中较短的输出宽度输出单、双精度实数
%c	输出单个字符
%s	输出字符串
%%	输出%

格式字符串和输出项在数量与类型上必须一一对应。格式字符串中，在%和格式符之间可以插入表 2-5 中列出的几种格式修饰符。常见示例如下。

1）%6d：6 位数，右对齐。不足 6 位用空格补齐，超过 6 位按实际位数输出。
2）%-6d：6 位数，左对齐。不足 6 位用空格补齐，超过 6 位按实际位数输出。
3）%.2f：保留 2 位小数。如果小数部分超过 2 位就四舍五入，否则用 0 补全。
4）%8.2lf：以小数形式输出双精度浮点型数据，宽度为 8，小数位数为 2。

表 2-5 printf 函数中的格式修饰符

格式修饰符	说　　明
l	长整型整数，可加在格式字符 d、o、x、u 之前
m	一个正整数，代表数据宽度（如"printf("%8.2lf", a)"中的 m 就是 8）
n	对实数表示输出的小数位数（上行中 n 为 2），对字符串表示截取的字符个数
-	向左对齐

2.4.2 scanf 格式输入函数

scanf 用于从输入设备输入数据，scanf 函数调用的一般格式如下。

scanf(格式控制字符串, 地址列表)

其中，格式控制字符串的作用与 printf 函数相同；地址列表中给出各变量的地址，变量地址由取地址符"&"后跟变量名组成。scanf 函数的格式符及修饰符见表 2-6 和表 2-7。

表 2-6 scanf 函数的格式符

格式符	说明
%d（或%i）	输入有符号十进制整数
%u	输入无符号十进制整数
%o	输入无符号八进制整数
%x（或%X）	输入无符号十六进制整数
%c	输入单个字符
%s	输入字符串到字符数组（读取到第一个空格结束，附'\0'为最后一个字符）
%f	输入实数，可以用小数形式或指数形式输入
%e, %E, %g, %G	与上同，此处 e、g 作用与 f 相同，且 e、g 不区分大小写

表 2-7 scanf 函数的格式修饰符

格式修饰符	说明
h	输入短整型数（可用%hd, %ho, %hx）
l	输入长整型数（可用%ld, %lo, %lx, %lu）以及 double 型数（%lf, %le）
m	一个正整数，指定输入数据所占宽度
*	表示本输入项不赋给相应的变量

【程序 2-5】 浮点数运算

题目描述

输入两个浮点数 a、b，输出两个整数相加、相减、相乘的结果。

输入

两个浮点数 a、b。

输出

a、b 相加、相减、相乘的结果，每个结果保留两位小数且单独占一行。

样例输入

1.2 3.4

样例输出

4.60

−2.20

4.08

参考程序

```
#include <iostream>
```

```
    using namespace std;
    int main()
    {
        double a, b;
        scanf("%lf %lf ", &a, &b);
        printf("%.2lf \n", a + b);
        printf("%.2lf \n", a - b);
        printf("%.2lf \n", a * b);
        return 0;
    }
```

2.4.3 putchar 与 getchar 函数

1. putchar 函数

putchar 是 C 语言中的一个基本输出函数，用于输出单个字符。其完整的声明格式如下。

> int putchar(int character);

其功能是输出参数 character 指定的字符（一个无符号字符），该函数将指定的表达式的值所对应的字符输出到标准输出终端上，表达式可以是字符型或整型，它每次只能输出一个字符。其应用的基本格式为 putchar(c)：

1）当 c 为一个被英文单引号引起来的字符时，输出该字符（可为转义字符）。
2）当 c 为一个介于 0～127 之间的十进制整数时，视为与该 ASCII 代码对应的字符。
3）当 c 为一个事先用 char 定义好的字符型变量时，输出该变量所指向的字符。

putchar 函数的返回值存在两种情形：

1）当输出正确时，返回与输出字符对应的 unsigned int 值。
2）当输出错误时，返回 EOF（End of File）文件结束符。

2. getchar 函数

getchar 是 C 语言中的一个基本输入函数，用于输入单个字符。其完整的声明格式如下。

> int getchar();

其功能是从标准输入获取一个无符号字符，该函数以无符号 char 强制转换为 int 的形式返回读取的字符，如果到达文件末尾或发生错误则返回 EOF。

用 getchar 函数得到的字符可以赋给一个字符变量或整型变量，也可以作为表达式的一部分。如，语句"c=getchar();"的功能是从标准输入获取一个无符号字符，并将该值赋给变量 c；语句"putchar(getchar());"的功能是将接收到的字符输出。

2.5 本章实例

【程序 2-6】 出生日期

题目描述

输入一个公民身份证号，输出该公民的出生日期。

输入

公民身份证号。

输出

年月日（YYYY-MM-DD）。

样例输入

410108201410310102

样例输出

2014-10-31

参考程序

```
#include <iostream>
using namespace std;
int main()
{
    int year, month, day;
    scanf("%*6d%4d%2d%2d%*d", &year, &month, &day);
    printf("%04d-%02d-%02d", year, month, day);
    return 0;
}
```

【程序 2-7】鸡兔同笼

题目描述

鸡兔同笼，共有 a 个头，b 条腿，求鸡和兔子各有多少只。

输入

输入头和腿的数目。

输出

鸡和兔子的只数，以空格分隔。

样例输入

35 94

样例输出

23 12

参考程序

```
#include <iostream>
using namespace std;
int main()
{
    int a, b, x, y;
    cin >> a >> b;
    y = (b - 2 * a) / 2;
    x = a - y;
    cout << x << " " << y << endl;
    return 0;
}
```

说明：

1）依据题意有"x+y=a"且"2x+4y=b"，联立解方程组可得"x=2a- b/2"和"y=b/2-a"。

2）也可依据小学数学思维训练直接解题。

【程序 2-8】 时间计算

题目描述

小明的家离学校很远，他想知道从家出发到学校需要多少时间。

输入

输入用空格分隔的四个整数，分别代表从家出发的时、分和到校的时、分。

输出

输出用空格分隔的两个整数，代表总共花了多少小时多少分钟。

样例输入

12 45 13 56

样例输出

1 11

参考程序

```cpp
#include <iostream>
using namespace std;
int main()
{
    int a, b, c, d, x, y, time;
    cin >> a >> b >> c >> d;
    time = (c * 60 + d) - (a * 60 + b);
    x = time / 60;
    y = time % 60;
    cout << x << " " << y << endl;
    return 0;
}
```

说明：

1）小明从家到校花费的时间=到校时间-从家出发时间，已知时间是出发和到达的小时与分钟数，因此需要将时间统一转换为分钟再相减，然后将相减结果转换为小时与分钟即可。

2）出发时间和到校时间必须在同一天，若在凌晨前后从家出发去学校，则需要考虑更大的时间单位"天"。

【程序 2-9】 随机点名

题目描述

老师想随机挑选同学回答问题，小明帮助老师编写一个随机生成编号的程序。

输入

学生人数。

输出

随机生成的编号。

样例输入

60

样例输出

1~60 中的一个数

参考程序

```cpp
#include <iostream>
#include <cstdlib>
#include <ctime>
using namespace std;
int main()
{
    int total, num;
    cin >> total;
    srand(time(0));
    num = rand() % total + 1;
    cout << num << endl;
    return 0;
}
```

说明：

1）rand()函数用于返回[0, MAX)之间的随机整数，MAX 由所定义的数据类型而定，使用该函数时应包含头文件"cstdlib"。

2）srand(time(0))设置当前的系统时间值为随机数种子，随着时间的不断变化种子也随之变化，使用时应包含头文件"ctime"。若不用随机数种子，则 rand()每次生成相同的随机数。

习题

一、选择题

1．若 x、i、j、k 都是 int 型变量，则计算表达式"x=(i=4, j=16, k=32)"后，x 的值为（ ）。

  A．4   B．16   C．32   D．52

2．下列选项中不是 C/C++语句的是（ ）。

  A．n++   B．;   C．x=y=z;   D．{a=1,b=2,c=a*b;}

3．下列四组选项中，均不是 C/C++关键字的选项是（ ）。

  A．define，if，type

  B．getc，char，printf

  C．include，scanf，case

  D．if，struct，type

4．若已定义 x 和 y 为 double 型变量，则表达式"x=1, y=x+3/2"的值是（ ）。

  A．2   B．2.5   C．2.0   D．1

5．若有代数式 3ae/bc，则不正确的 C/C++表达式是（ ）。

  A．a/b/c*e*3   B．3*a*e/b/c   C．3*a*e/b*c   D．a*e/c/b*3

6. 已知各变量的类型说明如下，不符合 C/C++语法的表达式是（　　）。

    int k, a, b;
    unsigned long w = 5;
    double x = 1.42;

   A．x%(-3)　　　　　　　　　B．w += -2
   C．k = (a = 2, b = 3, a+b)　　D．a += a -= (b = 4) * (a = 3)

7．在 C/C++语言中，合法的实型常数是（　　）。
   A．5E2.0　　B．E-3　　C．2E0　　D．1.3E

8．在 C/C++语言中，合法的实型常数是（　　）。
   A．1.2E0.5　　B．3.14E　　C．5E-3　　D．E15

9．以下选项中不合法的实型常量是（　　）。
   A．.2　　B．0.123　　C．5.　　D．E3

10．在 C/C++语言中，非法的字符常量是（　　）。
    A．'\t'　　B．'\17'　　C．"\n"　　D．'\xaa'

11．下列不合法的字符常量是（　　）。
    A．'2'　　B．'ab'　　C．'\n'　　D．'\101'

12．以下不合法的字符常量是（　　）。
    A．'\018'　　B．'\"'　　C．'\\'　　D．'\xcc'

13．下列合法的转义字符是（　　）。
    A．'\"'　　B．'\ee'　　C．'\018'　　D．'xab'

14．若 short int 类型占两个字节，则程序输出为（　　）。

    short int k = -1;
    printf("%hd,%hu\n", k, k);

    A．-1, -1　　B．-1, 65536　　C．-1, 32768　　D．-1, 65535

15．执行语句"x=(a=5,b=a--)"后，x, a, b 的值分别是（　　）。
    A．5, 4, 4　　B．5, 5, 4　　C．5, 4, 5　　D．4, 5, 4

16．已知"int x=5, y=5, z=5;"则执行语句"x%=y+z;"后，x 的值是（　　）。
    A．6　　B．1　　C．0　　D．5

17．表达式"(k=3*2,k+4)"中 k 的值是（　　）。
    A．6　　B．8　　C．9　　D．10

18．下面程序的输出结果是（　　）。

    #include <iostream>
    using namespace std;
    int main(){
        int x=10,y=3,z;
        printf("%d\n", z = (x%y, x/y));
        return 0;
    }

    A．4　　B．3　　C．1　　D．0

19. 经过下述赋值后，变量 x 的数据类型是（　　）。

```
float x = 21.0;
int y;
y=(int)x;
```

  A．float   B．double   C．int   D．char

20. 执行以下程序后，输出结果为（　　）。

```
#include <iostream>
using namespace std;
int main(){
    int x;
    float y;
    y=3.6;
    x=(int)y+10;
    printf("x=%d,y=%f", x, y);
    return 0;
}
```

  A．x=13, y=3.600000   B．x=13.5, y=3.60000   C．x=13, y=3   D．x=13, y=3.6

二、填空题

1. 常量'\n'的数据类型是_____。
2. 在 C/C++中，&作为双目运算符表示的是_____，作为单目运算符表示的是_____。
3. 若 a 是 int 型变量，则表达式"(a = 4 * 5, a * 2), a + 6"的值为_____。
4. 表达式"6/2*(int)3.2/(int)(2.3*5.6+7.8)"值的数据类型是_____。
5. 已有定义"double x=3.6;"，表达式"(int)x+x"值的类型为_____型。
6. 在 C/C++源程序中，不带任何修饰符的浮点数常量（例如，3.369）都是按_____类型数据存储的。
7. 已有定义"int a=7, b=2;"，则表达式"b+=(float)(a+b)/2"运算后 b 的值为_____。
8. 在 C/C++中，_____运算符的优先级最低。
9. 执行程序段"int x=011; printf("%d", x);"后的输出结果为_____。
10. 当 a, b 都取[0, 31]中的整数时，方程 a*b=(a | b)*(a & b)共有_____组解。

三、编程题

1. 时间间隔

题目描述

读入两个用"时:分:秒"表示的时间点，计算以秒为单位的时间间隔。

输入

输入有两行，每行是一个用"时:分:秒"表示的时间点。测试数据保证第二个时间点晚于第一个时间点。

输出

输出一个整数，表示时间间隔的秒数。

样例输入

08:00:00

09:00:00

样例输出

3600

2. 大象喝水

题目描述

一只大象口渴了，要喝 20L 水才能解渴，但现在只有一个深 h，底面半径为 r 的小圆桶（h 和 r 都是整数，单位为 cm）。问大象至少要喝多少桶水才会解渴。

输入

输入有一行，包含两个整数，以一个空格分开，分别表示小圆桶的深 h 和底面半径 r，单位都是 cm。

输出

输出一行，包含一个整数，表示大象至少要喝水的桶数。

样例输入

23 11

样例输出

3

3. 小明买笔

题目描述

班主任给小明一个任务，到文具店里买尽量多的签字笔。已知一支签字笔的价格是 1 元 9 角，而班主任给小明的钱是 a 元 b 角，小明最多能买多少支签字笔呢？

输入

输入只有一行，包含两个整数，分别表示 a 和 b。

输出

输出一行，包含一个整数，表示小明最多能买多少支签字笔。

样例输入

10 3

样例输出

5

4. 并联电阻

题目描述

对于阻值为 r1 和 r2 的电阻，其并联电阻的阻值计算公式为：R = 1/(1/r1 + 1/r2)。

输入

输入只有一行，包含两个浮点数，分别表示 r1 和 r2，以一个空格分开。

输出

并联之后的阻值，结果保留小数点后 2 位。

样例输入

1 2

样例输出

0.67

5. 浮点数取余

题目描述

计算两个双精度浮点数 a 和 b 相除的余数 r，a 和 b 都为正数。此处余数 r 的定义是：$a = k \times b + r$，其中 k 是整数，$0 \leq r < b$。

输入

输入仅一行，包括两个双精度浮点数 a 和 b。

输出

输出仅一行，即"a÷b"的余数。

样例输入

73.263 0.9973

样例输出

0.4601

6. 小数点后第 n 位

题目描述

给定一个小数 x，计算小数点后第 n 位（$1 \leq n \leq 6$）的值。

输入

输入只有一行，包含一个小数 x 与一个整数 n。

输出

输出一行，包含一个整数，表示小数点后第 n 位的数。

样例输入

1.13 2

样例输出

3

第 3 章 选择结构

顺序结构按语句出现的先后顺序逐条执行，在一条语句执行完毕后，无条件地自动转移到下一条语句。然而，在现实情形中，大多需要依据不同的条件来选择执行不同的操作任务。理论和实践证明，任何复杂的算法均可通过顺序、选择和循环三种基本的控制结构组合而来。选择结构又称为分支结构，它通过判断某条件是否满足来选择执行相应的分支。

3.1 用 if 语句实现选择结构

if 语句是 C/C++中用来判定是否满足给定条件，然后根据判定结果执行相应操作的语句。if 语句可用来实现双分支选择，也可通过 if 语句的嵌套实现多分支选择。

3.1.1 if 语句

if 语句通常用来实现双分支选择，它通过判断条件表达式取值结果（true 为真，false 为假）选择相应的语句来执行。if 语句的一般格式如下。

> **if (表达式) 语句 1**
> **[else 语句 2]**

if 语句的功能是：当表达式为真时（若表达式为数值，则非 0 值为真，0 值为假）执行语句 1，否则执行语句 2（else 子句为可选项，无该选项时等价于语句 2 为空语句）。语句 1 和语句 2 可以是一个简单语句，也可以是一个复合语句（用{}括起的多条语句），甚至是一条空语句。表达式可以是关系表达式、逻辑表达式或者数值表达式。if 语句的执行流程如图 3-1 所示。

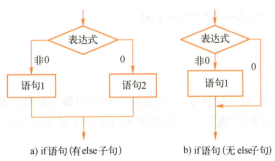

a) if 语句（有 else 子句）　　　b) if 语句（无 else 子句）

图 3-1　if 语句执行流程图

【程序 3-1】有序输出
题目描述
输入三个整数，按从小到大的顺序输出这三个数。

输入

三个整数。

输出

从小到大输出三个整数。

样例输入

2 9 3

样例输出

2 3 9

参考程序

```cpp
#include <iostream>
using namespace std;
int main()
{
    int a, b, c, temp;
    cin >> a >> b >> c;
    if (a > b) {
        temp = a;
        a = b;
        b = temp;
    }
    if (b > c) {
        temp = b;
        b = c;
        c = temp;
    }
    if (a > b) {
        temp = a;
        a = b;
        b = temp;
    }
    cout << a << " " << b << " " << c << endl;
    return 0;
}
```

说明：

执行完前两个 if 语句后可确保 c 已经成为三个数中最大的数，但还需要第三个 if 语句才能确保 a <= b 和 b <= c 同时成立，依次输出 a、b、c 便可实现从小到大输出。

3.1.2 嵌套的 if 语句

if 语句还可通过嵌套实现多分支选择，其一般格式如下。

```
if (条件 1) 语句 1
else if (条件 2) 语句 2
else if (条件 3) 语句 3
...
```

注意：if 语句可以缺少 else 选项，但 else 不能脱离 if 关键字单独使用。else 必须与 if 关键字配套使用，且 else 总是与前面离它最近的还未配对的 if 匹配。

【程序 3-2】整数判断

题目描述

输入一个整数，判断该数是正数、负数还是零。

输入

一个整数。

输出

该数为正数则输出"Positive"，负数则输出"Negative"，零则输出"Zero"。

样例输入

3

样例输出

Positive

程序具体流程如图 3-2 所示。

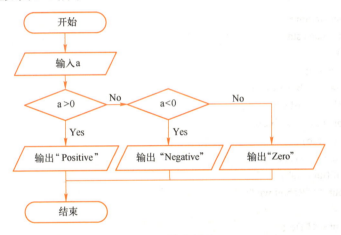

图 3-2　整数判断

参考程序

```cpp
#include <iostream>
using namespace std;
int main()
{
    int a;
    cin >> a;
    if (a > 0)
        cout << "Positive" << endl;
    else if (a < 0)
        cout << "Negative" << endl;
    else
        cout << "Zero" << endl;
    return 0;
}
```

【程序 3-3】龟兔赛跑

题目描述

龟兔赛跑中,已知乌龟速度为 a,兔子速度为 b,且 b > a。龟兔赛跑的赛程总长度为 s,兔子在比赛中到达终点前的某一时刻睡着了(且仅睡着这一次),耽误了时间 t,如果乌龟赢了输出 "Turtle win",兔子赢了输出 "Rabbit win",否则输出 "Tie"。

输入

输入四个用空格隔开的整数,分别代表 a, b, s, t。

输出

如果乌龟赢了输出 "Turtle win",兔子赢了输出 "Rabbit win",否则输出 "Tie"。

样例输入

3 6 12 2

样例输出

Tie

参考程序

```cpp
#include<iostream>
using namespace std;
int main(){
    int a, b, s, t;
    cin >> a >> b >> s >> t;
    double tur = (double)s / a;
    double rab = (double)s / b + t;
    if (tur < rab)
        cout << "Turtle win";
    else if (tur > rab)
        cout << "Rabbit win";
    else
        cout << "Tie";
    return 0;
}
```

3.2 关系运算符与关系表达式

关系运算符也称比较运算符,关系运算符都是双目运算符,其结合方向均为从左向右。关系运算符的优先级低于算术运算符,高于赋值运算符。在六个关系运算符中,"<""<="">"">="的优先级相同,"==""!="的优先级相同,且前四个运算符优先级高于后两个运算符。

【程序 3-4】奇偶判断

题目描述

输入一个整数,判断该数的奇偶性("odd"或"even")。

输入

一个整数。

输出

奇数则输出"odd"，偶数则输出"even"。

样例输入

7

样例输出

odd

参考程序

```cpp
#include <iostream>
using namespace std;
int main()
{
    int a;
    cin >> a;
    if (a % 2 == 0)
        cout << "even" << endl;
    else
        cout << "odd" << endl;
    return 0;
}
```

3.3 逻辑运算符与逻辑表达式

关系运算符可以方便地表达相对简单的条件判断，而逻辑运算符则可以连接多个关系表达式，构造逻辑表达式以表达相对复杂的条件组合判断。逻辑运算符包括与（&&）、或（||）、非（!）三种，C/C++中逻辑运算符的含义和逻辑运算真值表分别见表3-1和表3-2。

表3-1 逻辑运算符的含义

运算符	含义	示例	真值
&&	与	p && q	若p和q均为真则判定为真，否则为假
||	或	p || q	若p和q均为假则判定为假，否则为真
!	非	!p	若p为真则!p为假，若p为假则!p为真

表3-2 逻辑运算真值表

p	q	!p	!q	p && q	p || q
1	1	0	0	1	1
1	0	0	1	0	1
0	1	1	0	0	1
0	0	1	1	0	0

"&&"和"||"是双目运算符，"!"是单目运算符。"!"的优先级别高于所有的双目运算符，"&&"和"||"的优先级则低于算术运算符和关系运算符，而"&&"的优先级又高于"||"。逻辑运算符和其他运算符优先级从高到低依次为：

非（!）> 算术运算符 > 关系运算符 > 与（&&）> 或（||）> 赋值运算符（=）

在逻辑表达式的求值过程中，并非所有的逻辑运算都能得到执行。仅当为了确定表达式的值，必须要执行下一个逻辑运算时，才会执行该运算。例如对于逻辑表达式"表达式 1 && 表达式 2"，若表达式 1 为真则求解表达式 2 的值，若表达式 1 为假则不再执行表达式 2；对于逻辑表达式"表达式 1 || 表达式 2"，若表达式 1 为假则求解表达式 2 的值，若表达式 1 为真则不再执行表达式 2。因此，当 x=1，y=2，z=3 时，对于表达式"(x==y) && (x=z)"，因为表达式"x==y"不成立，所以不再执行表达式"x=z"。

合理地运用算术运算符、关系运算符和逻辑运算符，可以更加清晰简洁地表示现实应用中相对复杂的条件判断。

【程序 3-5】闰年判断

题目描述

输入年份 year，判断该年是否为闰年。

输入

输入一个整数代表年份。

输出

若该年是闰年则输出"**** is a leap year"，否则输出"**** is not a leap year"。

样例输入

2021

样例输出

2021 is not a leap year

参考程序

```cpp
#include <iostream>
using namespace std;
int main()
{
    int year;
    cin >> year;
    if ((year%4==0 && year%100!=0) || year%400==0)
        cout<<year<<" is a leap year"<<endl;
    else
        cout << year << " is not a leap year" << endl;
    return 0;
}
```

说明：

地球绕太阳运行的周期为 365 天 5 小时 48 分 46 秒（即 365.24219 天），因此公历平年统一为 365 日，设置补上时间差的闰年规则：四年一闰，百年不闰，四百年再闰。

3.4 条件运算符与条件表达式

"?:"是条件运算符，条件表达式需要三个操作对象，"?"和":"一起出现在表达式中，条件运算符是 C/C++中唯一的一个三目运算符。使用条件表达式的一般格式如下。

> <表达式 1> ? <表达式 2> :<表达式 3>

条件表达式的计算过程为：1）计算表达式 1 的值；2）若表达式 1 的值为真（非 0），则仅计算表达式 2 并将其结果作为整个表达式的值；3）若表达式 1 的值为假（0），则仅计算表达式 3 并将其结果作为整个表达式的值。

【程序 3-6】较大整数

题目描述

输入两个整数，输出其中的较大数。

输入

两个整数。

输出

两个整数中的较大数。

样例输入

3 7

样例输出

7

参考程序

```cpp
#include <iostream>
using namespace std;
int main()
{
    int a, b, max;
    cin >> a >> b;
    max = a > b ? a : b;
    cout << max << endl;
    return 0;
}
```

3.5 switch 语句

if 语句可清晰便捷地实现双分支选择，当需要处理的分支情况较多时，使用 switch 语句可使程序结构更清晰，执行速度更快。switch 常和关键词 case、break、default 等一起配合使用。switch 语句的一般格式如下。

```
switch (表达式)
{
    case 常量表达式 1: [语句 1] [break;]
    ...
    case 常量表达式 n: [语句 n] [break;]
    default: [语句 n+1]
}
```

说明：

1) switch 语句中表达式的取值只能是整型、字符型、布尔型或枚举型。

2) 花括号内是一个复合语句，包含多个以关键字 case 开头的语句行和最多一个以 default 开头的语句行。

3) case 后面跟一个常量（或常量表达式，其取值类型与表达式类型一致），它们和 default 都是起标号作用，用来标志一个位置。

4) 执行 switch 语句时，先计算 switch 后面的"表达式"的值，然后将它与各 case 标号比较，如果与某一个 case 标号中的常量相同，流程就转到此 case 标号后面的语句。如果没有与 switch 表达式相匹配的 case 常量，流程转去执行 default 标号后面的语句。

5) 可以没有 default 标号，此时如果没有与 switch 表达式相匹配的 case 常量，则不执行任何语句。

6) 各个 case 标号的出现次序不影响执行结果。

7) 任意两个 case 后的常量表达式取值必须不同，否则将导致冲突。

8) case 标号只起标记的作用。在执行 switch 语句时，根据 switch 表达式的值找到匹配的入口标号，在执行完一个 case 标号后面的语句后，就从此标号开始执行下去，不再进行判断。因此，一般情况下，在执行一个 case 子句后，应当用 break 语句使流程跳出 switch 结构。若无 default 子句，则最后一个 case 子句后可不加 break 语句。

9) 在 case 子句中虽然包含了一个以上执行语句，但可以不必用花括号括起来，会自动顺序执行本 case 标号后面所有的语句。当然加上花括号也可以。

10) break 语句为可选项，用于终止 switch 语句中的一个 case，是否需要视具体情形而定。若某几个 case 子句后无 break 语句，则这几个 case 子句和随后紧跟的第一个带 break 语句的 case 子句共用一组执行语句。

【程序 3-7】成绩等级

题目描述

给定一个百分制成绩，请根据百分制成绩输出其对应的等级。转换关系如下：90 分及以上为'A'，80～89 分为'B'，70～79 分为'C'，60～69 分为'D'，60 分以下为'E'。

输入

一个百分制成绩（0～100 的整数）。

输出

成绩对应的等级。

样例输入

90

样例输出

A

参考程序

```
#include<cstdio>
int main()
{
    int score;
    scanf("%d", &score);
```

```
        switch(score / 10)
        {
            case 10:
            case 9: printf("A\n"); break;
            case 8: printf("B\n"); break;
            case 7: printf("C\n"); break;
            case 6: printf("D\n"); break;
            default: printf("E\n");
        }
        return 0;
    }
```

3.6　本章实例

【程序 3-8】 最大数与最小数
题目描述
输入三个整数，输出最大数和最小数。
输入
输入三个整数 a、b、c。
输出
三个数中的最大数和最小数（以空格分隔）。
样例输入
3 7 9
样例输出
9 3
参考程序

```
#include <iostream>
using namespace std;
int main()
{
    int a, b, c, max, min;
    cin >> a >> b >> c;
    if (a > b) {
        max = a;
        min = b;
    }
    else {
        max = b;
        min = a;
    }
    if (max < c)
        max = c;
    else if (c< min)
```

```
        min = c;
    cout << max << " " << min;
    return 0;
}
```

【程序 3-9】 方程求解
题目描述
输入 a、b、c，求一元二次方程 $ax^2+bx+c=0$ 的解。
输入
三个实数 a、b、c。
输出
方程 $ax^2+bx+c=0$ 的解（保留两位小数），a=0 则输出"This is not a quadratic equation"。若有多个解，则多个解以空格分隔输出。
样例输入
1 -2 1
3 2 1
3 2 -1
样例输出
1.00
-0.33+0.47i -0.33-0.47i
0.33 -1.00
参考程序

```c
#include <cstdio>
#include <cmath>
int main()
{
    double a, b, c, delta, x1, x2, realpart, imagpart;
    scanf("%lf %lf %lf", &a, &b, &c);
    if (fabs(a) <= 1e-6)
        printf("This is not a quadratic equation\n");
    else
    {
        delta = b * b - 4 * a * c;
        if (fabs(delta) <= 1e-6)
            printf("%.2f\n", -b / (2 * a));
        else if (delta >1e-6)
        {
            x1 = (-b + sqrt(delta)) / (2 * a);
            x2 = (-b - sqrt(delta)) / (2 * a);
            printf("%.2f %.2f\n", x1, x2);
        }
        else
        {
            realpart = -b / (2 * a);                        //realpart 是复根的实部
```

```
                    imagpart = sqrt(-delta) / (2 * a);           //imagpart 是复根的虚部
                    printf("%.2f+%.2fi ", realpart, imagpart);    //输出一个复根
                    printf("%.2f-%.2fi\n", realpart, imagpart);   //输出另一个复根
            }
        }
        return 0;
    }
```

说明：

对浮点数不能使用==和!=运算符进行比较。正确的做法是：

```
        double d, eps = 1e-6;                    // eps 用于控制精度
        if (d >= 2 - eps && d <= 2 + eps) …      //相当于 if (d == 2)
```

【程序 3-10】四则运算

题目描述

输入运算数和四则运算符，输出计算结果。

输入

输入两个浮点数 a、b（b≠0）和一个操作符。

输出

输出计算结果（小数位数为 2）。

样例输入

2.3 5.6 +

样例输出

7.90

参考程序

```
    #include <cstdio>
    int main()
    {
        double a, b;
        char c;
        scanf("%lf %lf %c", &a, &b, &c);
        switch(c)
        {
            case '+': printf("%.2lf\n", a + b); break;
            case '-': printf("%.2lf\n", a - b); break;
            case '*': printf("%.2lf\n", a * b); break;
            case '/': printf("%.2lf\n", a / b); break;
            default: printf("input error\n");
        }
        return 0;
    }
```

【程序 3-11】国庆促销

题目描述

商场国庆促销，购物金额为 sales 元，若 sales < 500 则无折扣；若 500 ≤ sales < 1000

则打九五折；若 1000 ≤ sales < 3000 则打九折；若 3000 ≤ sales < 5000 则打八五折；若 sales ≥ 5000 则打八折。根据购物金额，计算用户实际需要支付的金额。

输入

输入一个实数，表示购物金额。

输出

输出一个实数，表示用户实际需要支出的金额，保留两位小数。

样例输入

6000

样例输出

4800.00

参考程序

```cpp
#include <iostream>
#include <cstdio>
using namespace std;
int main()
{
    double sales;
    cin >> sales;
    int c = sales / 500;
    switch(c)
    {
        case 0: break;
        case 1: sales *= 0.95; break;
        case 2:
        case 3:
        case 4:
        case 5: sales *= 0.90; break;
        case 6:
        case 7:
        case 8:
        case 9: sales *= 0.85; break;
        case 10: sales *= 0.80; break;
        default: sales *= 0.80;
    }
    printf("%.2lf ", sales);
    return 0;
}
```

习题

一、选择题

1. 能正确表示"当 x 的值在[1, 10]和[70, 90]的范围为真，否则为假"的表达式是（   ）。

A．(x>=1) && (x<=10) && (x>=70) && (x<=90)
B．(x>=1) || (x<=10) || (x>=70) || (x<=90)
C．(x>=1) && (x<=10) || (x>=70) && (x<=90)
D．(x>=1) || (x<=10) && (x>=70) || (x<=90)

2．以下程序的运行结果是（   ）。

```
#include <stdio.h>
int main() {
    int a, b, c = 241;
    a = c/100%9;
    b = (-1)&&(-1);
    printf("%d,%d", a, b);
    return 0;
}
```

A．6,1   B．2,1   C．6,0   D．2,0

3．阅读以下程序可知（   ）。

```
#include <iostream>
using namespace std;
int main() {
    int a=5, b=0, c=0;
    if (a=b+c) printf("***\n");
    else printf("$$$\n");
    return 0;
}
```

A．有语法错误不能通过编译   B．可以通过编译但不能通过链接
C．输出***   D．输出$$$

4．以下程序的运行结果是（   ）。

```
#include <iostream>
using namespace std;
int main() {
    int x=5;
    if (x=2) printf("OK");
    else if (x<2) printf("%d\n", x);
    return 0;
}
```

A．OK   B．Quit   C．1   D．7

5．为避免在嵌套的条件语句中 if…else 中产生二义性，C/C++规定：else 子句总是与（   ）相配对。
A．缩进对齐的 if   B．其之前最近的还未配对的 if
C．其之后最近的 if   D．同一行上的 if

6．下列条件语句中，功能与其他语句不同的是（   ）。
A．if (a==0) printf("%d\n", x); else printf("%d\n",y);

B. if (a) printf("%d\n", x); else printf("%d\n",y);
C. if (a==0) printf("%d\n", y); else printf("%d\n",x);
D. if (a!=0) printf("%d\n", x); else printf("%d\n",y);

7. 以下程序正确的说法是（   ）。

```
#include <stdio.h>
int main() {
    int x=0, y=0;
    if(x=y) printf("*****\n");
    else printf("#####\n");
    return 0;
}
```

A. 输出#####
B. 有语法错误不能通过编译
C. 可以通过编译，但不能通过链接，因此不能运行
D. 输出*****

8. 以下程序的运行结果是（   ）。

```
#include <stdio.h>
int main() {
    int k=2;
    switch(k) {
        case 1: printf("%d\n",k++);   break;
        case 2: printf("%d ",k++);
        case 3: printf("%d\n",k++);   break;
        case 4: printf("%d\n",k++);
        default: printf("Full!\n");
    }
    return 0;
}
```

A. 3 4   B. 3 3   C. 2 3   D. 2 2

9. 以下程序的输出结果为（   ）。

```
#include <stdio.h>
int main() {
    int a=30;
    printf("%d", (a/3>0)?a/10:a%3);
    return 0;
}
```

A. 0   B. 1   C. 10   D. 3

10. 希望当 num 的值为奇数时，表达式的值为"真"；num 的值为偶数时，表达式的值为"假"。则以下不能满足该要求的表达式是（   ）。

A. num%2==1   B. !(num%2)
C. !(num%2==0)   D. num%2

11. 以下程序的输出结果是（   ）。

```
#include <stdio.h>
int main() {
    int x=1,y=0,a=0,b=0;
    switch(x) {
        case 1: switch(y) {
            case 0:a++;break;
            case 1:b++;break;
        }
        case 2: a++; b++; break;
    }
    printf("a=%d,b=%d", a, b);
    return 0;
}
```

  A．a=1,b=1 B．a=1,b=2 C．a=2,b=1 D．a=2,b=2

12. 以下程序运行时，输入的 x 值在（   ）范围时才会有输出结果。

```
#include <stdio.h>
int main() {
    int x;
    scanf("%d", &x);
    if(x<5);
    else if (x != 20)
        printf("%d", x);
    return 0;
}
```

  A．大于或等于 5 且不等于 20 的整数
  B．不等于 20 的整数
  C．小于 5 的整数
  D．大于或等于 5 且等于 20 的整数

13. 语句"if (x!=0) y=1; else y=2;"与（   ）等价。
  A．if (x) y=1; else y=2;
  B．if (x) y=2; else y=1;
  C．if (!x) y=1; else y=2;
  D．if (x=0) y=2; else y=1;

14. 下列程序段运行后 x 的值是（   ）。

```
int a = 0, b = 0, c = 0, x = 35;
if (!a) x--;
else if (b);
if (c) x = 3;
else x = 4;
```

  A．34 B．35 C．4 D．3

15．下列程序段运行后的结果是（　　）。

```c
#include <stdio.h>
int main() {
    int   a = 2, b = -1, c = 2;
    if (a < b)
        if (b < 0)
            c = 0;
        else c++;
    printf("%d\n", c);
    return 0;
}
```

  A．0   B．2   C．3   D．4

二、填空题

1．当 a=3,b=2,c=1 时，表达式 f=a>b>c 的值是_____。

2．在 C/C++语言中，_____表示逻辑"真"，_____表示逻辑"假"。

3．设 x、y、z 均为 int 型变量，描述"x 或 y 中有一个小于 z 的表达式"是_____。

4．当 m=2,n=1,a=1,b=2,c=3 时，执行语句"d=(m=a!=b)&&(n=b>c)"后；n 的值为_____，m 的值为_____。

5．已有定义"int a=3, b=4, c=5;"则表达式"a||b+c&&b==c"的值为_____。

6．C 语言有!、&&、||三个逻辑运算符，其中优先级高于算术运算符的是_____。

7．关键字 default 和 case 只能在_____语句中出现。

8．已有定义"int c, d;"，且 c 和 d 的值均大于 0，表达式"c%d+c/d*d==c"的值为_____。

9．已有定义"int a=1,b=2,c=3;"，则执行语句"a>b?(c-=--a):(c+=++a);"后，变量 a、c 的值分别是_____。

10．已有定义"int x=0, y=1, z=2;"，执行语句"if(x>0&&++y>0)z++;else z--;"后，变量 x、y、z 的值分别是_____。

三、编程题

1．同时整除

题目描述

判断一个数 n 能否同时被 3 和 5 整除。

输入

输入一行，包含一个整数 n（-1,000,000 < n < 1,000,000）。

输出

输出一行，如果能同时被 3 和 5 整除则输出"yes"，否则输出"no"。

样例输入

15

样例输出

yes

2．区域判断

题目描述

给定一个正方形,四个角的坐标(x,y)分别是(1,-1),(1,1),(-1,-1),(-1,1),x 是横轴,y 是纵轴。编程判断一个给定的点是否在此正方形内(包括正方形边界)。

输入

输入一行,包括两个整数 x、y,以一个空格分开,表示坐标(x,y)。

输出

输出一行,如果点在正方形内则输出"yes",否则输出"no"。

样例输入

1 -1

样例输出

yes

3. 三角形判断

题目描述

给定三个正整数,分别表示三条线段的长度,判断这三条线段能否构成一个三角形。

输入

输入共一行,包含三个正整数,分别表示三条线段的长度,以空格分隔。

输出

如果能构成三角形,则输出"yes",否则输出"no"。

样例输入

3 4 5

样例输出

yes

4. 字符判断

题目描述

从键盘输入一个字符,判断该字符是大写字母、小写字母、数字还是其他字符。分别输出对应的提示信息。

输入

输入一个字符。

输出

若该字符是大写字母则输出"upper";若是小写字母则输出"lower";若是数字则输出"digit";若是其他字符则输出"other"(输出不含双引号)。

样例输入

b

样例输出

lower

5. 本月天数

题目描述

输入年份和月份,输出这一年的这一月有多少天。

输入

输入两个正整数,分别表示年份 y 和月份 m,以空格分隔。

输出
输出一个正整数,表示这个月有多少天。
样例输入
2025 2
样例输出
28

第 4 章 循 环 结 构

在实际应用中,经常遇到需要反复执行某些固定操作序列的情形,循环结构正是为此而设计的程序控制结构,这些需要反复执行的固定操作序列就称为循环体。当程序运行到循环语句时,若循环语句的条件判定结果为真,则选择执行循环体后再判断循环条件,否则跳出该循环转而执行下一条语句。因此,循环结构的本质可归结为循环判断执行的选择结构。

4.1 while 语句

while 语句是 C/C++的一种基本循环模式,若条件为真则执行循环体,条件为假则跳出循环执行后续语句。while 语句的一般格式如下。

> **while (表达式) 循环体**

while 语句的功能是:若表达式为真(非 0 值为真)则执行循环体;然后再重新判断表达式,如此周而复始,直至表达式为假(0 值为假)则跳出该循环。因此 while 语句本质上相当于循环判断执行的单分支 if 语句。while 语句的执行流程如图 4-1 所示。

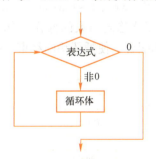

图 4-1 while 语句执行流程图

while 语句中,循环体可以是一个简单语句,也可以是一个复合语句,即用{}括起来的多条语句,甚至是一条空语句;表达式可以是关系表达式、逻辑表达式,甚至是数值表达式。

【程序 4-1】整数累加
题目描述
求 m+(m+1)+⋯+n。
输入
两个正整数 m 和 n(m<n)。
输出
从 m 加到 n 的和。
样例输入
1 100

样例输出

5050

参考程序

```cpp
#include<iostream>
using namespace std;
int main()
{
    int m, n;
    cin >> m >> n;
    int i = m, sum = 0;
    while (i <= n)
    {
        sum = sum + i;
        i++;
    }
    cout << sum << endl;
    return 0;
}
```

说明：

1）循环体若包含多个语句时必须用{}括起。

2）在while语句前需要给循环控制变量i和累加变量sum赋初值，否则结果不可预知。

3）本例中while循环语句可用"while (i <= n) sum = sum + i++;"代替。

4）循环语句中必须有使循环体趋向结束的操作。如本例中，改变循环变量值的语句"i++;"与判断条件"i <= n"一起配合，使循环趋向结束，执行流程如图4-2所示。

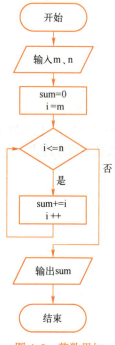

图4-2 整数累加

【程序 4-2】 多实例测试

题目描述

输入多组数据，每组数据包含两个整数 a 和 b，对每组数据输出 a+b 的结果。

输入

多组数据，每组一行，为两个以空格分隔的整数。

输出

对每组数据输出 a+b 的结果。

样例输入

1 2
3 4

样例输出

3
7

参考程序

```cpp
#include<iostream>
using namespace std;
int main()
{
    int a, b;
    while (cin >> a >> b)
        cout << a + b << endl;
    return 0;
}
```

说明：

1）该程序的特点是，没有告知有多少组数据。

2）"while(cin>>a>>b)" 可以用 "while(scanf("%d%d",&a,&b)!=EOF)" 替代。

3）scanf 函数的返回值是输入变量的个数，对于函数调用 "scanf("%d%d", &a, &b)"，若仅有一个整数输入则返回值是 1，若有两个整数输入则返回值是 2，若一个也没有则返回值是-1。EOF 是一个预定义的常量，等于-1。

4）当所有数据输入完成，按下〈Ctrl+Z〉组合键并按〈Enter〉键结束输入。

4.2 do…while 语句

do…while 语句首先无条件执行一次循环体，然后再判断循环条件，若条件为真则再次执行循环体，直至循环条件为假跳出循环。do…while 语句的一般格式如下。

```
do  循环体
while (表达式);
```

do…while 语句的循环体可以是一个简单语句，也可以是一个复合语句，甚至是一条空语句。do…while 语句的执行流程如图 4-3 所示。

图 4-3　do…while 语句执行流程图

do…while 语句和 while 语句非常相似，但后者是当型循环，前者是直到型循环。do…while 语句保证其循环体至少会执行一次；但是在 while 语句中，若起始时条件表达式为假则循环体一次也不会执行。

【程序 4-3】最小整数

题目描述

输入正整数 n，求使 1+2+…+i≥n 成立的最小 i。

输入

一个整数 n。

输出

使 1+2+…+i≥n 成立的最小 i。

样例输入

123

样例输出

16

参考程序

```
#include<iostream>
using namespace std;
int main()
{
    int n, i = 0, sum = 0;
    cin >> n;
    do
    {
        i++;
        sum = sum + i;
    }while (sum < n);
    cout << i << endl;
    return 0;
}
```

4.3　for 语句

for 语句是 C/C++的第三种循环控制实现方式。for 语句的一般格式如下。

for ([表达式 1]; [表达式 2]; [表达式 3]) 循环体

表达式 1 是 for 语句执行的开始部分，通常用于为循环控制变量赋初值，仅在 for 语句开始运行时执行一次；表达式 2 与 while 的条件表达式一致，用于判断 for 语句是否执行循环体；表达式 3 常用于每次执行循环体后改变循环控制变量值，以使 for 语句趋向于结束。for 语句的执行流程如图 4-4 所示。

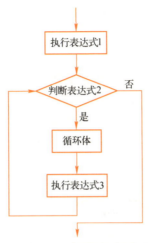

图 4-4 for 语句执行流程图

for 语句的循环体可以是一条简单语句，也可以是一个复合语句，甚至是一条空语句。for 语句的三个表达式均可省略（两个分号不能省略），但必须在其他相应位置有同等效用的功能实现。

与 while 和 do…while 语句相比，for 语句将循环控制变量赋初值、循环条件判断、循环控制变量值修改三个操作浓缩体现在一对小括号中，不仅适用于循环次数确定的情形，也适用于循环次数不确定的情形，使用起来更为方便灵活，因而是一种使用更为广泛的循环控制语句。

【程序 4-4】质数判断

题目描述

输入一个正整数 n，判定它是否为质数（prime number，又称素数）。

输入

一个正整数 n。

输出

若 n 为质数则输出"Yes"，否则输出"No"。

样例输入

5

样例输出

Yes

参考程序

```
#include <cstdio>
#include <cmath>
int main()
{
    int n, i, k, flag = 1;
    scanf("%d", &n);
```

```
            if (n == 1)
                flag = 0;
            k = sqrt(n);
            for (i = 2; i <= k; i++)
            {
                if (n % i == 0)
                    flag = 0;
            }
            if (flag == 1)
                printf("Yes\n");
            else
                printf("No\n");
            return 0;
        }
```

程序执行流程如图 4-5 所示。

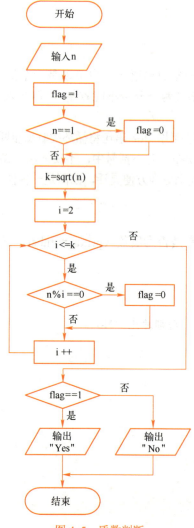

图 4-5 质数判断

【程序 4-5】 前 n 项和
题目描述

输入正整数 n，求 $1 - 2/3 + 3/5 - 4/7 + 5/9 - 6/11 + \cdots + (-1)^{n-1} \times (n/(2 \times n-1))$ 的前 n 项和，结果保留 3 位小数。

输入

一个正整数 n。

输出

$1 - 2/3 + 3/5 - 4/7 + 5/9 - 6/11 + \cdots + (-1)^{n-1} \times (n/(2 \times n-1))$ 的前 n 项和。

样例输入

100

样例输出

0.391

参考程序

```c
#include <cstdio>
int main()
{
    int n,i;
    double item, num, deno, sum = 0, flag = -1;
    scanf("%d", &n);
    for (i = 1; i <= n; i++)
    {
        num = i;
        deno = 2 * i - 1;
        flag = -flag;
        item = flag * num / deno;
        sum = sum + item;
    }
    printf("%.3lf ", sum);
    return 0;
}
```

4.4 break/continue 语句

break 语句和 continue 语句均用于改变循环执行的状态，但两者的含义和执行效用不同。break 语句用于强制中断所属循环（若为 for 语句则表达式 3 也将不再执行），接着执行循环后续语句；continue 用于跳过本轮循环中还未执行的剩余语句，直接开始下一轮循环判断（若为 for 语句则执行表达式 3 后再开始下一轮循环判断）。

【程序 4-6】 质数判断（break）

题目描述

输入一个正整数 n，判定它是否为质数，要求使用 break 语句。

输入

一个正整数 n。

输出

若 n 为质数则输出"Yes",否则输出"No"。

样例输入

5

样例输出

Yes

参考程序

```cpp
#include <iostream>
#include <cmath>
using namespace std;
int main()
{
    int n, i;
    cin >> n;
    int k = sqrt(n);
    for (i = 2; i <= k; i++)
        if (n % i == 0)
            break;
    if(n == 1 || i <= k)
        cout << "No\n";
    else
        cout << "Yes\n";
    return 0;
}
```

【程序 4-7】整数整除

题目描述

输出 a 到 b 之间的不能被 3 整除的整数。

输入

两个正整数 a、b。

输出

a 到 b 之间的不能被 3 整除的整数。

样例输入

1 10

样例输出

1 2 4 5 7 8 10

参考程序

```cpp
#include <iostream>
using namespace std;
int main()
{
    int a, b, i;
    cin >> a >> b;
```

```
        for (i = a; i <= b; i++)
        {
            if (i % 3 == 0)
                continue;
            cout << i << " ";
        }
        return 0;
    }
```

4.5 多重循环

若循环语句的循环体又包含了另一循环语句，则称为多重循环或循环的嵌套。

【程序 4-8】m 钱买 m 只鸡

题目描述

公鸡五文钱一只，母鸡三文钱一只，小鸡一文钱三只，用 m 文钱买 m 只鸡，公鸡、母鸡、小鸡各买多少只？（仅考虑有解的情况，并不考虑无解的情况）

输入

输入一个整数 m。

输出

公鸡、母鸡和小鸡的只数（若有多个解则仅输出公鸡数量最少的那个解）。

样例输入

100

样例输出

0 25 75

参考程序

```
#include <iostream>
using namespace std;
int main()
{
    int m, x, y, z;
    cin >> m;
    for (x = 0; x <= m / 5; x++)
        for (y = 0; y <= m / 3; y++) {
            z = m - x - y;
            if (5*3*x + 3*3*y + z == 3*m) {
                cout << x << " " << y << " " << z <<endl;
                return 0;
            }
        }
    return 0;
}
```

【程序 4-9】 质数数目
题目描述
统计 a 到 b 之间存在多少个质数。
输入
两个正整数 a、b。
输出
a 到 b 之间的全部质数的数目。
样例输入
100 200
样例输出
21
参考程序

```cpp
#include <iostream>
#include <cmath>
using namespace std;
int main()
{
    int a, b, i, j, k, ans = 0;
    cin >> a >> b;
    for (i = a; i <= b; i++)
    {
        k = sqrt(i);
        for (j = 2; j <= k; j++)
            if (i % j == 0)
                break;
        if (i != 1 && j > k)
            ans++;
    }
    cout << ans << endl;
    return 0;
}
```

【程序 4-10】 m 钱买 m 只鸡（无解输出 "No answer"）
题目描述
公鸡五文钱一只，母鸡三文钱一只，小鸡一文钱三只，用 m 文钱买 m 只鸡，公鸡、母鸡、小鸡各买多少只？（既考虑有解的情况，又考虑无解的情况）
输入
一个正整数 m。
输出
若有解只输出一个解，即公鸡数量最少的那个解；若无解输出 "No answer"。
样例输入
100
样例输出
0 25 75

参考程序

```cpp
#include <iostream>                                    //解法1
using namespace std;
int main()
{
    int m, i, j, k, noAnswer = 1;
    cin >> m;
    for (i = 0; i <= m / 5; i++)
    {
        for (j = 0; j <= m / 3; j++)
        {
            k = m - i - j;
            if (i *15 + j*9 +k == m*3)                  //找到一个解
            {
                cout << i << " " << j << " " << k << endl;   //输出解
                noAnswer = 0;                           //无解标志置0
                break;                                  //结束内层循环，即 j 控制的循环
            }
        }
        if (noAnswer == 0)
            break;                                      //若已找到解，结束由 i 控制的循环
    }
    if (noAnswer == 1)
        cout << "No answer" << endl;
    return 0;
}

#include <iostream>                                    //解法2
using namespace std;
int main()
{
    int m, i, j, k, noAnswer = 1;
    cin >> m;
    for(i = 0; i <= m/5; i++)
    {
        for (j = 0; j <= m/3; j++)
        {
            k=m-i-j;
            if (i*15 + j*9 + k == m*3)                  //找到一个解
            {
                cout << i << " " << j << " " << k << endl;   //输出解
                noAnswer = 0;                           //无解标志置0
                goto loop;                              //使用 goto 语句直接跳转到整个循环之后的语句
            }
        }
    }
    loop: if (noAnswer == 1)
        cout << "No answer" << endl;
```

```
        return 0;
    }
```

4.6 算法执行效率

算法是为了解决某一特定问题或执行某一特定任务而设计的有限长度的指令或语句序列。算法效率分析的目的是为了评估算法的性能，确保其可行性，并在面临同一问题的多个算法时，进行比较分析，以挑选出时间和空间性能上较优的算法。

4.6.1 算法及其特性

算法是对具体问题解决方法的求解步骤描述。一个算法具有有穷性、确定性、可行性、输入、输出五大特性。
1）有穷性：一个算法应在有限步骤之内结束。
2）确定性：算法的每一步骤应清晰准确无歧义。
3）可行性：算法中的任何步骤均可分解为基本的可执行操作。
4）输入：一个算法有零个或多个输入，以从外界获取所需的必要信息。
5）输出：一个算法有一个或多个输出，以反映对输入数据加工处理后的结果。

4.6.2 算法评价标准

一个好的算法应达到以下目标。
1）正确性：分为语法正确和逻辑正确两个层面。
2）可读性：便于他人阅读和对算法的理解。
3）健壮性：对任意非法输入应该有合适的处理策略。
4）高效性：花费较少的时间代价和空间代价。
由于现代计算机具有较大的存储容量，因此，算法效率通常以该算法所编制程序在计算机上执行消耗的时间来度量。度量一个程序的执行时间通常有两种方法。
1）事后统计：依赖于具体的硬件、软件、环境因素，统计数据很难达到客观公正。
2）事前分析：计算基本语句执行频次，并揭示其关于问题规模 n 的增长趋势。
① 找出执行频次最大的语句作为基本语句。
② 确定一个函数 f(n)，以量化基本语句的执行频次与问题规模 n 之间的数学关系。
③ 取函数 f(n) 的数量级（函数的增长速率），用符号"O"表示算法执行时间关于问题规模 n 的增长关系。

时间复杂度描述符 O 用来描述增长率的上界，表示 f(n) 的增长速度不快于 O。该上界的阶越低就越有价值，称之为"紧凑上界"。例：对 $f(n)=10n^2+4n+2$，其时间复杂度为 $O(n^2)$。

4.6.3 时间复杂度与执行时间

在估算出算法的时间复杂度之后，将问题规模最大取值代入复杂度的渐近式中，就能简单地判断算法是否能够满足运行时间限制的要求。例如，假设题目描述中的限制条件为 n≤1000，考虑时间复杂度为 $O(n^2)$ 的算法，将 n=1000 代入得到 10^6；考虑时间复杂度为 $O(n^3)$

的算法，将 n=1000 代入得到 10^9。在结果数值基础上，可以结合表 4-1 估算运行时间。

表 4-1 运行时间限制为 1 秒

问题规模代入时间复杂度所得数值	限时 1 秒
1000000	游刃有余
10000000	勉勉强强
100000000	仅限循环体非常简单的情况

在 C/C++中，可以使用 clock 函数统计程序在具体机器上执行的实际运行时间。

【例 4-1】统计程序的运行时间示例。

```
#include <time.h>
#include <iostream>
//#include <bits/stdc++.h>
using namespace std;
int main()
{
    int i, k = 0;
    int n = 1e8;
    clock_t start, end;
    start = clock();
    for(i = 0; i < n; i++)
        k++;
    end = clock();
    cout << (double)(end - start) / CLOCKS_PER_SEC << endl;
}
```

【程序 4-11】整数游戏

题目描述

小明和小灵玩游戏，游戏规则是从小到大报一个正整数，且小于给定的正整数 n，该数是 3 的倍数，或者是 5 的倍数，或者是 7 的倍数。这时小明突然想，满足这一条件的所有数的和是多少？（限时 1 秒）

输入

输入一个正整数 n（1< n≤10^9）。

输出

满足题中条件且小于或等于 n 的所有正整数的和。

样例输入

20

样例输出

119

参考程序

```
#include <iostream>
using namespace std;
int main(){
```

```
        int n;
        long long sum, sum_3, sum_5, sum_7, sum_15, sum_21, sum_35, sum_105;
        cin >> n;
        sum_3 = n - n%3;                        //小于等于 n 的 3 的最大倍数
        sum_3 = (3+sum_3)*(sum_3/3)/2;          //等差数列求和公式计算所有 3 的倍数的和
        sum_5 = n - n%5;
        sum_5 = (5+sum_5)*(sum_5/5)/2;
        sum_7 = n - n%7;
        sum_7 = (7+sum_7)*(sum_7/7)/2;
        sum_15 = n - n%15;
        sum_15 = (15+sum_15)*(sum_15/15)/2;
        sum_21 = n - n%21;
        sum_21 = (21+sum_21)*(sum_21/21)/2;
        sum_35 = n - n%35;
        sum_35 = (35+sum_35)*(sum_35/35)/2;
        sum_105 = n - n%105;
        sum_105 = (105+sum_105)*(sum_105/105)/2;
        sum = sum_3 + sum_5 + sum_7 - sum_15 - sum_21 - sum_35 + sum_105;
        cout << sum <<endl;
        return 0;
    }
```

【程序 4-12】幂指数取余

题目描述

输入两个正整数 m 和 n，求 m^n%1007。（限时 1 秒）

输入

两个正整数 m（1<m<10）和 n（1< n≤10^9）。

输出

m^n 对 1007 取余后的结果。

样例输入

3 7

样例输出

173

参考程序

```cpp
            #include <iostream>
            using namespace std;
            int main() {
                int m, n;
                cin >> m >> n;
                int result = 1;
                while (n != 0){
                    if (n % 2)
                        result = result * m % 1007;
                    n = n / 2;      //等价于 n >>= 1;
                    m = m * m % 1007;
```

```
        }
        cout << result << endl;
        return 0;
    }
```

4.7 本章实例

【程序 4-13】 整数位数
题目描述
输入一个正整数,输出其位数(用 while 语句实现)。
输入
一个正整数。
输出
正整数的位数。
样例输入
123
样例输出
3
参考程序

```
#include <iostream>
using namespace std;
int main()
{
    int n, num = 0;
    cin >> n;
    while (n > 0)
    {
        n = n / 10;
        num++;
    }
    cout << num << endl;
    return 0;
}
```

【程序 4-14】 数字反转
题目描述
给定一个整数,请将该数各个数位上的数字反转得到一个新数。新数也应满足整数的常见形式,即除非给定的原数为零,否则反转后得到的新数的最高位数字不应为零。
输入
一个十进制整数。
输出
对应的反转数。

样例输入
-690
样例输出
-96
参考程序

```cpp
#include <iostream>
using namespace std;
int main()
{
    int x, y=0;
    cin >> x;
    while (x != 0)
    {
        y = y * 10 + x % 10;
        x = x / 10;
    }
    cout << y;
    return 0;
}
```

【程序 4-15】礼物数量

题目描述

小明买了许多礼物准备用于班级活动，回家后感觉太累，便让机器人小灵帮忙数一下礼物一共有多少份。但是小灵不喜欢数字 4，因此每次数到包含数字 4 时便跳过该数。例如小灵数到 639 时，下一份礼物计数小灵就会数 650。

输入
一个不含 4 的正整数 n，表示小灵给出的礼物的份数。
输出
一个整数代表礼物的实际份数。
样例输入
55
样例输出
40
参考程序

```cpp
#include <iostream>
using namespace std;
int main()
{
    int num, i = 1, sum = 0;
    cin >> num;
    while (num > 0)
    {
        int b = num % 10;
```

```
            if (b > 4)
                b--;
            sum = sum + b * i;
            i = i * 9;
            num = num / 10;
        }
        cout << sum << endl;
        return 0;
    }
```

【程序 4-16】 分解质因子

题目描述

将一个整数表示为其质因子相乘形式。

输入

一个正整数 n。

输出

n 的质因数的乘积形式。

样例输入

36

样例输出

2*2*3*3

参考程序

```
#include <iostream>
using namespace std;
int main()
{
    int n, i = 2;
    cin >> n;
    while (n != 1)
    {
        while (n % i == 0)
        {
            cout << i;
            n = n / i;
            if (n != 1)
                cout << "*";
        }
        i++;
    }
    return 0;
}
```

【程序 4-17】 数列累加

题目描述

输入 n 和 a，求 a+aa+aaa+⋯+a⋯a（n 个 a），如当 n=3，a=2 时，2+22+222=246。

输入

包含两个整数 n 和 a，n 和 a 都是小于 10 的正整数。

输出

输出前 n 项和，单独占一行。

样例输入

3 2

样例输出

246

参考程序

```cpp
#include <iostream>
using namespace std;
int main()
{
    int n, a, i, sum=0;
    cin >> n >> a;
    int item = 0;
    for (i = 1; i <= n; i++)
    {
        item = item * 10 + a;
        sum = sum + item;
    }
    cout << sum << endl;
    return 0;
}
```

【程序 4-18】 零花钱奖励

题目描述

妈妈给了小明 m 张百元钞票，为了鼓励小明节约，说如果小明连续 k 天每天仅花 10 元就可以得到 10 元额外奖励，如果听妈妈的话小明最多可以花多少天？

输入

输入 2 个整数 m、k，（1≤k≤10，1≤m≤10）。

输出

输出一个整数，表示 m 百元可以消费的天数。

样例输入

4 3

样例输出

59

参考程序

```cpp
#include <iostream>
using namespace std;
int main()
{
    int m, k;
```

```
            cin >> m >> k;
            m = m * 100;
            k = k * 10;
            int sum = 0;
            while (m >= k)
            {
                sum = sum + (m − m % k) / 10;
                m = m / k *10 + m % k;
            }
            sum = sum + m / 10;
            cout << sum << endl;
            return 0;
        }
```

【程序 4-19】阶乘最高位

题目描述
输入一个正整数 n，输出 n!的最高位上的数字。

输入
输入一个正整数 n（n≤1000）。

输出
输出 n!的最高位上的数字。

样例输入
1000

样例输出
4

参考程序

```
        #include <iostream>
        #include <cmath>
        using namespace std;
        int main()
        {
            int n, i;
            double s = 0;
            cin >> n;
            for (i = 1; i <= n; i++)
                s = s + log10(i);
            s = s − int(s);
            s = pow(10, s);
            cout << int(s) <<endl;
            return 0;
        }
```

【程序 4-20】小蜻蜓学飞行（直线）

题目描述
小蜻蜓学飞行，妈妈在旁边发指令，0 表示停止，1 表示前进。每个指令前附加一个时间，代表该指令是何时发出，最后一个指令是停止。设小蜻蜓最初位置为 0 且处于停止状态，飞行速度始终保持 10m/s，且可以瞬间启动或停止。求小蜻蜓最后停止时的位置。

例如，小蜻蜓在第 5 秒时收到前进指令 1，在第 10 秒时收到停止指令 0，在第 15 秒收到前进指令 1，在第 20 秒时收到停止指令 0。那么在停止时小蜻蜓所处位置为 100。程序只要求输出小蜻蜓最后所处的位置。

输入

输入包含按时间排序的多个指令，每个指令由 time 和 command 组成，表示在第 time 秒收到 command 指令。command 的取值为 0、1，含义如题所述。

输出

输出占一行，为一个整数，表示小蜻蜓停止时的位置。

样例输入

5 1
10 0
15 1
20 0

样例输出

100

参考程序

```cpp
#include <iostream>
using namespace std;
int main()
{
    int sum = 0;
    int pre_command = 0, cur_command;       //存储上次和本次指令
    int pre_time = 0, cur_time;             //存储上次和本次指令时间
    while(cin >> cur_time >> cur_command)
    {
        if (cur_command == 0 && pre_command == 1)
            sum = sum + cur_time-pre_time;
        pre_command = cur_command;
        pre_time = cur_time;
    }
    cout << sum * 10 << endl;
    return 0;
}
```

【程序 4-21】 小蜻蜓学飞行（平面）

题目描述

小蜻蜓学飞行，妈妈在旁边发指令，0 表示停止，1 表示左转，2 表示右转。每个指令前附加一个时间，代表该指令是何时发出，飞行期间不会发出停止指令，且最后一个指令一定是停止指令。设小蜻蜓最初位置是（0,0），最初方向为向北（北为 y 轴正向，东为 x 轴正向），飞行速度为 10m/s，且可以瞬间切换方向，可以瞬间启动或停止。求小蜻蜓停止时的位置。

例如，小蜻蜓在第 5 秒时收到左转指令 1，在第 10 秒时收到右转指令 2，在第 15 秒收到停止命令 0。那么在停止时，小蜻蜓的位置将在（-50,100）。程序只要求输出小蜻蜓最后的位置，第一个整数是 x 坐标，第二个整数是 y 坐标。

输入

输入包含按时间排序的多个指令，每个指令由 time 和 command 组成，表示在第 time 秒收到 command 指令。command 的取值为 0、1、2，含义如题所述。

输出

输出占一行，为由空格隔开的两个整数，表示小蜻蜓停止时的位置。

样例输入

5 1
10 2
15 0

样例输出

-50 100

参考程序

```cpp
#include <iostream>
using namespace std;
int main()
{
    int x = 0, y = 0;
    int command;                            //存储指令号
    int pre_time = 0, cur_time;             //存储上次和本次发指令时间
    int direction = 0;                      //存储当前方向
    while(cin >> cur_time >> command)
    {
        switch(direction)
        {
            case 0: y = y + (cur_time - pre_time) * 10; break;   //0 表示 y 轴正向
            case 1: x = x - (cur_time - pre_time) * 10; break;   //1 表示 x 轴负向
            case 2: y = y - (cur_time - pre_time) * 10; break;   //2 表示 y 轴负向
            case 3: x = x + (cur_time - pre_time) * 10; break;   //3 表示 x 轴正向
        }
        switch(command)
        {
            case 1: direction++; break;     //向左转，方向增 1
            case 2: direction--; break;     //向右转，方向减 1
        }
        direction = (direction + 4) % 4;    //方向号对 4 取模，保持在 0-3 范围内
        pre_time = cur_time;
        if (command == 0)
            break;
    }
    cout << x << " " << y;
    return 0;
}
```

}

【程序 4-22】 乘积反转

题目描述

做作业的时候，邻座的小朋友问你："五乘以七等于多少？"你应该微笑着告诉他："五十三"。本题要求对任何一对给定的正整数，逆向输出它们的乘积。

输入

输入一行，给出两个不超过 1000 的正整数 a 和 b，以空格分隔。

输出

在一行中逆向输出 a 和 b 的乘积。

样例输入

5 7

样例输出

53

参考程序

```cpp
#include <iostream>
using namespace std;
int main()
{
    int a, b;
    int flag = 0;
    cin >> a >> b;
    int t = a * b;
    while(t > 0){
        int p = t % 10;
        t /= 10;
        if (p == 0 && flag == 0)
            continue;
        cout << p;
        flag = 1;
    }
    return 0;
}
```

习题

一、选择题

1. 对以下程序段描述正确的是（　　）。

```
int k = 10;
while (k = 0) k = k - 1;
```

  A．执行完成后 k 的值未改变　　　　B．循环是无限循环

  C．循环体语句一次也不执行　　　　D．循环体语句执行一次

2. 若要结束由 while 语句构成的循环，while 后一对圆括号中表达式的值应该为（ ）。
   A．0　　　　　B．1　　　　　C．True　　　　D．非 0
3. 以下叙述正确的是（ ）。
   A．do-while 语句构成的循环不能用其他语句构成的循环来代替
   B．do-while 语句构成的循环只能用 break 语句退出
   C．用 do-while 语句构成的循环，在 while 后的表达式为非零时结束循环
   D．用 do-while 语句构成的循环，在 while 后的表达式为零时结束循环
4. 下面程序段的运行结果是（ ）。

```
int n = 0;
while (n++ <= 2);
printf("%d", n);
```

   A．2　　　　　B．3　　　　　C．4　　　　　D．有语法错误
5. 下列程序的输出为（ ）。

```
int y = 10;
while(y--);
printf("y=%d\n", y);
```

   A．y = 0　　　B．该循环为死循环　　　C．y = 1　　　D．y = -1
6. C/C++中 while 和 do…while 循环的主要区别是（ ）。
   A．do…while 的循环体至少无条件执行一次
   B．while 的循环控制条件比 do…while 的循环体控制条件严格
   C．do…while 允许从外部转到循环体内
   D．while 允许从外部转到循环体内
7. 以下能正确计算 1×2×3×…×10 的程序段是（ ）。
   A. do {
   　　　　i = 1;
   　　　　s = 1;
   　　　　s=s*i;
   　　　　i++;
   　　} while (i <= 10);
   B. i = 1; s = 1;
   　　do {
   　　　　s = s * i;
   　　　　i++;
   　　} while (i <= 10);
   C. do {
   　　　　i = 1;
   　　　　s = 0;
   　　　　s = s * i;
   　　　　i++;

```
    } while (i <= 10);
D.  i = 1;
    s = 0;
    do {
        s = s * i;
        i++;
    } while (i <= 10);
```

8. 下面有关 for 循环的正确描述是（   ）。
   A. for 循环只能用于循环次数已经确定的情况
   B. for 循环是先执行循环体语句，后判定表达式
   C. for 循环中不能用 break 语句跳出循环体
   D. for 循环体语句中可以包含多条语句，但要用花括号括起来

9. 以下语句的说法正确的是（   ）。
   A. break 语句只能用于 while 循环，不能用于 for 循环
   B. continue 语句会立即终止整个循环的执行
   C. for 循环中，continue 语句执行后，会直接跳过本轮循环剩余代码，开始下一轮循环
   D. break 语句执行后，会跳过当前循环剩余代码，继续执行下一轮循环

10. 以下程序运行时从键盘输入 3.6,2.4，输出结果是（   ）。

```c
#include <cmath>
#include <iostream>
using namespace std;
int main() {
    float x, y, z;
    scanf("%f,%f", &x, &y);
    z = x / y;
    while(1) {
        if (fabs(z) > 1.0) {
            x = y;
            y = x;
            z = x / y;
        }
        else
            break;
    }
    printf("%f", y);
    return 0;
}
```

   A. 2.4   B. 1.5   C. 1.6   D. 2

11. 有一长台阶，若每步跨 2 阶则最后剩余 1 阶，每步跨 3 阶最后剩 2 阶，每步跨 5 阶最后剩 4 阶，每步跨 6 阶最后剩 5 阶，若每步跨 7 阶最后正好一阶不剩。请问，这条台阶共有多少阶？请补充 while 语句后的判断条件。（   ）

```
#include <iostream>
```

```
using namespace std;
int main() {
    int i = 1;
    while(    )
        ++i;
    printf("台阶共有%d 阶。\n", i);
    return 0;
}
```

A．!((i%2 == 1)&&(i%3 == 2)&&(i%5 == 4)&&(i%6 == 5)&&(i%7 == 1))
B．!((i%2 == 0)&&(i%3 == 2)&&(i%5 == 4)&&(i%6 == 5)&&(i%7 == 0))
C．!((i%2 == 1)&&(i%3 == 2)&&(i%5 == 4)&&(i%6 == 5)&&(i%7 == 0))
D．(i%2 == 1)&&(i%3 == 2)&&(i%5 == 4)&&(i%6 == 5)&&(i%7 == 0)

12．如果 c 是大于 1 的正整数，与以下程序段功能相同的赋值语句是（   ）。

```
s = a;
for (b = 1; b <= c; ++b)
    s = s + 1;
```

A．s = b + c;   B．s = s + c;   C．s = a + b;   D．s = a + c;

13．以下程序段的输出结果是（   ）。

```
#include <iostream>
using namespace std;
int main() {
    int a = 3;
    do {
        printf("%d", a--);
    }while (!a);
    return 0;
}
```

A．32   B．不输出任何内容   C．3   D．321

14．若定义 int i; 则以下 for 语句的执行结果是（   ）。

```
for (i = 1; i < 10; ++i) {
    if (i%3)
        i++;
    ++i;
    printf("%d", i);
}
```

A．35811   B．369   C．258   D．2468

15．以下程序段的输出结果是（   ）。

```
int n = 10;
while (n > 7) {
    printf("%d,", n);
    n--;
}
```

A. 9,8,7,　　　B. 9,8,7,6,　　　C. 10,9,8,　　　D. 10,9,8,7,

16. 以下程序的输出结果是（　　）。

```
#include <iostream>
using namespace std;
int main() {
    int i = 5;
    for (; i < 15; ) {
        i++;
        if (i % 4 == 0)
            printf("%d", i);
        else
            continue;
    }
    return 0;
}
```

A. 812　　　B. 81216　　　C. 1216　　　D. 8

17. 从循环体内某一层跳出，继续执行循环外的语句是（　　）。
　　A. break 语句
　　B. return 语句
　　C. continue 语句
　　D. 空语句

18. 以下循环语句的循环执行次数是（　　）。

```
for(int i = 2; i == 0; )
    printf("%d", i--);
```

A. 1　　　B. 2　　　C. 0　　　D. 无限次

19. 对 for(表达式1; ;表达式3) 可理解为（　　）。
　　A. for(表达式1; 0; 表达式3)
　　B. for(表达式1; 1; 表达式3)
　　C. for(表达式1; 表达式1; 表达式3)
　　D. for(表达式1; 表达式3; 表达式3)

20. 若在一个 C/C++源程序中"exp1"和"exp3"是表达式，"s;"是语句，则下列选项中与语句"for(exp1; ; exp3)s;"功能等同的是（　　）。
　　A. exp1; while(1)s;exp3
　　B. exp1; while(1){exp3;s;}
　　C. exp1; while(1){s;exp3;}
　　D. while(1){exp1;s;exp3}

二、填空题

1. 执行下面程序段后，k 值是_____。

```
int k = 1, n = 263;
do {
    k *= n%10;
    n /= 10;
} while (n);
```

2．下面程序段中循环体的执行次数是_____。

```
int a = 10, b = 0;
do {
    b += 2;
    a -= 2 + b;
} while (a >= 0);
```

3．下面程序段的运行结果是_____。

```
x = 2;
do {
    printf("*");
    x--;
} while (!x == 0);
```

4．下面程序段的运行结果是_____。

```
int i = 1, a = 0, s = 1;
do {
    a = a + s * i;
    s = -s; i++;
} while (i <= 10);
printf("a=%d", a);
```

5．鸡兔共 20 个头，60 条腿，问鸡兔各多少只？请填空补全程序_____。

```
for (x = 1; x <= 20; ++x) {
    y = 20 - x;
    if (_____)
        printf("%d,%d\n", x, y);
}
```

6．若要从多重循环体的最内层跳出到最外层，则可使用_____语句实现。

7．最适合描述循环体至少要执行一次的循环语句是_____（while/do…while）。

8．_____语句用于从循环体内某一层跳出继续执行循环外的语句。

9．_____语句用于结束本次循环进行下一次循环，但是并不终止整个循环的执行。

10．若"for (表达式 1; 表达式 2; 表达式 3)"语句的循环体中的 continue 语句得到执行，则随后_____（会/不会）执行表达式 3。

三、编程题

1．进制转换

题目描述

将一个二进制数转换为对应的十进制数。

输入

输入一个只含有 0 和 1 的字符串，按〈Enter〉键结束，表示一个二进制数。该二进制数无符号位，长度不超过 31 位。

输出

输出一个整数，为该二进制数对应的十进制数。

样例输入

100000000001

样例输出

2049

2．整数对数

题目描述

输入两个正整数 m 和 n，输出 m 到 n 之间每个整数的自然对数。

输入

输入包括两个整数 m 和 n（m<n），用一个空格隔开。

输出

每行输出一个整数及其对数，整数宽度为4，对数宽度为8，右对齐，对数保留4位小数。

样例输入

2 4

样例输出

   2 0.6931

   3 1.0986

   4 1.3863

3．整数数字

题目描述

输入一个正整数 n（$n \leqslant 10^9$），从高位开始逐位分割并输出各位数字。

输入

输入一个正整数 n。

输出

依次输出各位上的数字，每一个数字后面有一个空格，输出占一行。

样例输入

12345

样例输出

1 2 3 4 5

4．优惠支付

题目描述

双 11 来临，商场给出各种优惠活动，有满减券和打折券。小明也准备买几身漂亮衣服，好好把自己打扮一番。满减券和打折券可以同时使用，也可以使用一种，同时使用时先进行打折，打折后的金额再进行满减，请你计算一下小明需要支付多少钱？

输入

第一行输入两个整数表示满减优惠活动，例如：100 50 表示每满 100 减 50。第二行输入一个(0,1)区间上的实数，表示打折优惠活动。以下多行输入所选商品的单价和数量，单价不一定是整数。

输出

输出购买商品最少需要支付的金额，保留两位小数。

样例输入
100 50
0.75
120 1
69 2
样例输出
143.50

5．最不高兴
题目描述
小明上初中了。妈妈认为小明应该更加用功学习，所以小明除了上学之外，还要参加妈妈为他报名的各科复习班。另外每周妈妈还会送他去学习朗诵、舞蹈和钢琴。但是小明如果一天上课超过八个小时就会不高兴，而且上得越久就会越不高兴。

假设小明不会因为其他事不高兴，并且他的不高兴不会持续到第二天。请你帮忙检查小明下周的日程安排，看看下周他是否会不高兴；如果会的话，哪天最不高兴？

输入
输入包括 7 行数据，分别表示周一到周日的日程安排。每行包括两个小于 10 的非负整数，用空格隔开，分别表示小明在学校上课的时间和妈妈安排他上课的时间。

输出
一个数字。如果不会不高兴则输出 0，如果会则输出最不高兴的是周几（用 1~7 分别表示周一至周日）。如果有两天或两天以上不高兴的程度相当，则输出时间最靠前的一天。

样例输入
5 3
6 2
7 2
5 3
5 4
0 4
0 6

样例输出
3

6．画矩形
题目描述
根据参数，画出矩形。

输入
输入一行，包括四个参数：前两个参数为整数，依次代表矩形的高和宽（高不少于 3 行不多于 10 行，宽不少于 5 列不多于 10 列）；第三个参数是一个字符，表示用来画图的矩形符号；第四个参数为 0 或 1，0 代表空心，1 代表实心。

输出
输出画出的图形。

样例输入
7 7 # 0
样例输出
```
#######
#     #
#     #
#     #
#     #
#     #
#######
```

7. 角谷猜想

题目描述

角谷猜想是指对于任意一个正整数，如果是奇数，则乘 3 加 1，如果是偶数，则除以 2，得到的结果再按照上述规则重复处理，最终总能够得到 1。例如，假定初始整数为 5，计算过程为 16、8、4、2、1。程序要求输入一个整数，将经过处理得到 1 的过程输出来。

输入

一个正整数 N（N≤10^6）。

输出

从输入整数到 1 的步骤，每一步为一行，每一步中描述计算过程。最后一行输出"End"。如果输入为 1，直接输出"End"。

样例输入
5
样例输出
5*3+1=16
16/2=8
8/2=4
4/2=2
2/2=1
End

8. 公式求值

题目描述

利用公式 e = 1 + 1/1! + 1/2! + 1/3! +…+ 1/n! 求 e。

输入

输入只有一行，该行包含一个整数 n（n≥1），表示计算 e 时累加到 1/n!。

输出

输出只有一行，该行包含计算出来的 e 的值，要求打印小数点后 10 位。

样例输入
10
样例输出
2.7182818011

第 5 章 数　　组

为了方便存储和处理批量数据，通常把具有相同类型的批量元素按有序的形式组织起来，这些有序排列的同类数据元素的集合就称为数组，构成数组的各个变量称为数组的元素。数组明确地反映了数据元素间的联系，含义清晰且使用方便，将其与循环结构有机结合处理批量数据，不仅有利于提高程序设计的效率，而且也增强了程序的可读性。

5.1 一维数组

数组是相同类型数据元素的有序集合，其数据类型可以是 int 型、float 型、double 型等基本类型，也可以是后续章节中的指针、结构体、共用体等派生类型。数组中的每一个元素均按位序存储，位序用数组下标表示。定义数组时，若带有一个下标维度则称为一维数组。

5.1.1 定义与引用一维数组

在 C/C++中使用数组必须先定义后使用，定义一维数组的一般格式如下。

```
类型  数组名[常量表达式];
```

其中，类型是任意一种基本数据类型或派生数据类型，它定义了全体数组成员的数据类型；数组名是标识数组的名称，与变量命名规则相同；方括号中的常量表达式代表数组元素的个数，也称为数组的长度。注意，数组元素的下标从 0 开始。例如：

```
int a[10];        //定义一个 10 个元素的整型数组 a，其元素为 a[0]～a[9]
double b[10];     //定义一个 10 个元素的浮点型数组 b，其元素为 b[0]～b[9]
char c[20];       //定义一个 20 个元素的字符数组 c，其元素为 c[0]～c[19]
```

5.1.2 一维数组的初始化

一维数组可以在定义时赋初值，若定义数组时未赋初值则元素值是无意义的随机值。若仅给部分元素提供初值，则整型数组中未提供初值的元素自动赋值 0，字符数组中未提供初值的元素自动赋值'\0'。如：

```
int a[10]={0, 1, 2, 3, 4, 5, 6, 7, 8, 9};   //全体元素赋值，a[0]～a[9]分别赋值为 0～9
int a[10]={1, 2, 3};                         //前 3 个元素赋值为 1，2，3，后 7 个元素为 0
char c[20]={'C', '+', '+'};                  //前 3 个元素赋值，其余元素值为'\0'
int a[3]={1, 2, 3, 4};                       //赋值数目不允许超过数组容量，否则编译时会报错
```

【程序 5-1】 进制转换

题目描述

输入一个非负十进制整数,将其转换为二进制形式输出。

输入

一个非负整数 n ($0 \leq n < 2^{31}$)。

输出

对应的二进制形式。

样例输入

7

样例输出

111

参考程序

```cpp
#include <iostream>
using namespace std;
int main()
{
    int n, i, a[32];
    cin >> n;
    if (n == 0)
    {
        cout << "0" << endl;
        return 0;
    }
    for (i = 0; n != 0; i++)
    {
        a[i] = n % 2;
        n = n / 2;
    }
    for (i--; i >= 0; i--)
        cout << a[i];
    return 0;
}
```

【程序 5-2】 有序插入

题目描述

一个递增有序的整型数组有 n 个元素,给定一个整数 num,将 num 插入该序列的适当位置,使序列仍保持递增有序。

输入

输入有三行。第一行是一个正整数 n (n≤1000),第二行是 n 个整数,第三行是待插入整数 num。

输出

输出递增有序的 n + 1 个整数,数据之间用空格隔开,输出占一行。

样例输入

5

1 2 4 5 6
3
样例输出
1 2 3 4 5 6
参考程序

```
#include <iostream>
using namespace std;
int main()
{
    int a[1001];
    int n, i, num;
    cin >> n;
    for (i = 0; i < n; i++)
        cin >> a[i];
    cin >> num;
    for (i = n-1; i >= 0 && a[i] > num; i--)
        a[i+1] = a[i];
    a[i+1] = num;
    for (i = 0; i <= n; i++)
        cout << a[i] << " ";
    return 0;
}
```

5.2 数组排序

在实际开发中，经常需要将数组元素按照从大到小（或者从小到大）的顺序排列，这样在查阅数据时会更加方便、直观。对数组元素进行排序的方法有很多种，如选择排序、冒泡排序、插入排序、快速排序、归并排序等。

【程序 5-3】数组排序

题目描述

对一维数组按照从小到大的顺序排序。

输入

第一行输入一个整数 n（1≤n≤1000）表示数组有 n 个整数；第二行输入 n 个整数。

输出

对这 n 个整数按照从小到大的顺序输出，数据之间用一个空格分隔。

样例输入

6
6 5 1 2 3 4

样例输出

1 2 3 4 5 6

参考程序

```cpp
#include <iostream>                          //解法1：选择排序
using namespace std;
int main()
{
    int n, a[1001], i, j;
    cin >> n;
    for (i = 0; i < n; i++)
        cin >> a[i];
    for (i = 0; i < n; i++)
    {
        int min = i;
        for (j = i + 1; j < n; j++)
            if(a[min] > a[j])
                min = j;
        int t = a[min]; a[min] = a[i]; a[i] = t;
    }
    for (i = 0; i < n; i++)
        cout << a[i] << " ";
    return 0;
}
```

```cpp
#include <iostream>                          //解法2：冒泡排序
using namespace std;
int main()
{
    int n, a[1001], i, j, temp;
    cin >> n;
    for (i = 0; i < n; i++)
        cin >> a[i];
    for (i = n-1; i >= 1; i--)
        for (j = 0; j < i; j++)
            if (a[j] > a[j+1])
            {
                temp = a[j];
                a[j] = a[j+1];
                a[j+1] = temp;
            }
    for (i = 0; i < n; i++)
        cout << a[i] << " ";
    return 0;
}
```

```cpp
#include <iostream>                          //解法3：插入排序
using namespace std;
int main()
{
```

```
        int n, a[1001], i, j, k, temp;
        cin >> n;
        for (i = 0; i < n; i++)
            cin >> a[i];
        for (i = 0; i < n; i++)
        {
            for (j = i-1; j >= 0; j--)
                if (a[i] > a[j])
                    break;                    //为 a[i]寻找插入位置 j+1
            if (j != i-1)
            {
                temp = a[i];
                for (k = i-1; k > j; k--)
                    a[k + 1] = a[k];
                a[k + 1] = temp;
            }
        }
        for (i = 0; i < n; i++)
            cout << a[i] << " ";
        return 0;
    }
```

【程序 5-4】有序合并

题目描述

已知数组 a 中有 m 个按升序排列的元素，数组 b 中有 n 个按降序排列的元素，编程将 a 与 b 中的所有元素按降序存入数组 c 中。

输入

输入有两行，第一行首先是一个正整数 m，然后是 m 个整数；第二行首先是一个正整数 n，然后是 n 个整数，m，n 均小于或等于 1000000。

输出

输出合并后的 m+n 个整数，数据之间用空格隔开。输出占一行。

样例输入

4 1 2 5 7
3 6 4 2

样例输出

7 6 5 4 2 2 1

参考程序

```
    #include <iostream>
    using namespace std;
    const int N=1000000;
    int a[N], b[N], c[2*N];
    int main()
    {
        int m, n, i, j, k;
```

```
        cin >> m;
        for (i = 0; i < m; i++)
            cin >> a[i];
        cin >> n;
        for (i = 0; i < n; i++)
            cin >> b[i];
        i = m - 1; j = 0; k = 0;
        while (i >= 0 && j < n)
        {
            if (a[i] > b[j])
                c[k++] = a[i--];
            else
                c[k++] = b[j++];
        }
        while (i >= 0)
            c[k++] = a[i--];
        while (j < n)
            c[k++] = b[j++];
        for (i = 0; i < m + n; i++)
            cout << c[i] << " ";
        return 0;
    }
```

5.3 数组查找

【程序 5-5】 最小元素

题目描述

数组 a 有 n 个元素，请输出 n 个元素的最小值及其下标。若最小值有多个，请输出下标最小的一个。注意，有效下标从 0 开始。

输入

输入有两行，第一行是一个正整数 n（n≤1000），第二行是 n 个整数。

输出

输出占一行。输出数组的最小值及其下标，用空格分隔。

样例输入

5
8 4 5 1 2

样例输出

1 3

参考程序

```
#include <iostream>
using namespace std;
int main()
{
```

```
        int n;
        cin >> n;
        int a[1001];
        for (int i = 0; i < n; i++)
            cin >> a[i];
        int min = 0;
        for (int i = 1; i < n; i++)
            if (a[i] < a[min])
                min = i;
        cout << a[min] << " " << min << endl;
        return 0;
    }
```

【程序 5-6】最佳歌手

题目描述

学校推出了 10 名歌手，每个歌手都有唯一编号（1～10）。校学生会设了一个投票箱，让每一个同学给自己最喜欢的一位歌手投票（使用歌手编号投票）。请你编程统计每位歌手获得的票数，将"最佳歌手奖"颁发给得票最多的歌手。若有多名歌手并列第一，则均可获奖。

输入

输入若干整数，表示被投票的歌手编号，以一个负数作为输入结束的标志。

输出

出现次数最多的歌手编号，若有多个次数相同的编号，则按编号从小到大顺序输出（用空格分隔）。

样例输入

4 5 3 1 3 4 2 7 -1

样例输出

3 4

参考程序

```
#include <iostream>
using namespace std;
int main()
{
    int i, a[11]={0};
    int num;
    while (cin >> num && num >= 0)
        a[num]++;
    int max = a[1];
    for (i = 2; i <= 10; i++)
        if (a[i] > max) max = a[i];
    for (i = 1; i <= 10; i++)
        if (a[i] == max) cout << i << " ";
    return 0;
}
```

【程序 5-7】 元素查找
题目描述
输入从小到大排序的 n 个元素，找出某元素第一次出现的位置。
输入
输入分三行，第一行是一个正整数 n（n≤1000），第二行是 n 个整数，第三行为一个整数 x 表示待查找的元素。
输出
如果 x 在序列中，则输出 x 第一次出现的位置（0~n-1），否则输出-1。
样例输入
5
3 5 6 6 7
6
样例输出
2
参考程序

```cpp
#include <iostream>
using namespace std;
int main()
{
    int n, x;
    cin >> n;
    int a[1001];
    for (int i = 0; i < n; i++)
        cin >> a[i];
    cin >> x;
    int low = 0, high = n-1, index = -1;
    while (low <= high)
    {
        int mid = (low + high) / 2;
        if (x == a[mid])
        {
            index = mid;
            high = mid-1;
        }
        else if (x > a[mid])
            low = mid+1;
        else
            high = mid - 1;
    }
    cout << index << endl;
    return 0;
}
```

说明：

如果将已经排好序的一批数据存入一个数组，那么可以使用二分查找（折半查找）法在此数组中查找数值。二分查找算法主要思想如下。

1）设置三个变量 low、high、mid 代表查找区间的左、右、中位置。

2）当 low <= high 时进行二分查找：

① 令 mid = (low + high) / 2。

② 若 x == a[mid]则找到待查数据将 index 赋值为 mid，同时将 high 赋值为 mid-1，即继续在左边区域搜索。

③ 若 x > a[mid]则 low = mid + 1，重新计算 mid 进行查找。

④ 若 x < a[mid]则 high = mid – 1，重新计算 mid 进行查找。

3）输出 index 代表 x 第一次出现的位置，若其值为-1 表明没有查到。

5.4 字符数组与字符串

5.4.1 字符数组的初始化

在 C/C++中，字符数组是字符类型元素构成的数组。定义字符数组的一般格式如下。

> char 数组名[常量表达式];

对于字符数组的初始化，可以在定义时对每个元素逐一初始化，也可以在定义时直接用双引号引起来的一串字符实现初始化。例如：

> char a[10] = { '1', '2', '3', '4', '5', '6'};
> char a[10] = {"123456"};
> char a[10] = "123456";

注意，在使用双引号形式初始化字符数组时，数组定义的容量必须大于字符串常量包含的字符个数，因为此种情况下，系统会自动在有效字符结束时附加一个'\0'作为结束标志。在编写程序时，通常会依据当前字符是否等于'\0'来判断字符串是否结束。

5.4.2 字符串的输入输出

C 语言本身并没有"字符串"数据类型，而是运用一个字符数组来模拟存放一个字符串，只是在字符串的有效字符结束时附加一个空字符'\0'作为结束。因此 C 语言中的字符串本质上是末尾附加一个空字符'\0'的字符数组。

字符数组可以使用格式符"%c"逐个输入或输出一个字符，也可以使用格式符"%s"一次输入或输出整个字符串。例如：

> char c[100]={ "I love c++ programming! "};
> printf("%s\n", c);   //从第 0 个字符起逐个输出当前字符，若当前字符为'\0'则结束

说明：

1）使用格式符"%s"输出字符串时，printf 的输出项是字符数组名，代表字符串的起始地址。不能写成"printf("%s\n", c[0]);"，否则编译时会报错。

2）输出时从字符数组的第 0 个字符起逐个输出当前字符，第一次遇到当前字符为'\0'时自动结束，且输出字符不包括'\0'。

3）可以使用 scanf 函数输入一个字符串，如 "scanf("%s", c);"，系统检测输入的字符串，遇到换行或空格时自动加一个'\0'字符作为结束标志。

4）若要输入其中含有空格的字符串，则应使用 "gets(c);"；除此之外，输出字符串时可使用 "puts(c);"，其功能与语句 "printf("%s\n", c);" 等价。

5.4.3 C 语言的字符串处理函数

C 语言专门提供了一系列处理字符串的函数。其中常用的字符串处理函数见表 5-1。

表 5-1 C 语言中常用的字符串处理函数

格　式	说　明
unsigned int strlen(char str[])	统计 str 中字符的个数，不包括结束符'\0'
char *strcat(char *str1, char *str2)	将字符串 str2 连接到 str1 后，str1 后的'\0'被覆盖
char *strchr(char *str, char ch)	字符串 str 中第一次出现字符 ch 的位置
int strcmp(char *str1, char *str2)	按字典序比较 str1 和 str2，<返回负数、=返回 0、>返回正数
char *strcpy(char *str1, char *str2)	将字符串 str2 的值复制给 str1

【程序 5-8】 数字加倍

题目描述

输入一个字符串，该字符串由数字和字母组成。请过滤掉所有非数字字符，然后将数字字符串转换成十进制整数后乘以 2 输出。

输入

输入一个字符串，长度不超过 100，由数字和字母组成。

输出

将转换后的整数乘以 2 输出，测试数据保证结果在整数范围内。

样例输入

sg987aa65t498

样例输出

197530996

参考程序

```
#include <iostream>
using namespace std;
int main()
{
    char c[200];
    gets(c);                                    //可以用 "cin.getline(c, 200);" 代替
    int i = 0, j = 0, sum = 0;
    while (c[i])
    {
        if(c[i] >= '0' && c[i] <= '9') sum = sum*10 + c[i]-'0';
        i++;
```

```
        }
        cout << sum * 2 << endl;
        return 0;
}
```

5.4.4 C++的字符串处理

C++兼容 C 的字符串表示与处理方式，同时引入了字符串类型"string"，因此 C++中可以直接定义一个字符串变量。C++中的字符串使用方式如下。

```
string s1 = "c ", s2 = "programming";    //定义字符串变量 s1, s2 并赋初值
s1 = "c++ ";           // s1 重新赋值
s1 = s1 + s2;          // s1 值更改为"c++ programming"，注意两个字符串常量不能相加
```

C++支持"cin >> s1;"输入字符串变量的值，同时能够直接利用六种比较关系运算符直接实现两个字符串之间的按字典序比较。string 类型的主要函数与运算见表 5-2。

表 5-2 string 类型的主要函数与运算

格 式	说 明
size()	求字符串长度，等同于 length()
s[i]	取字符串 s 的第 i 个字符
getline(cin, s)	读入一整行给 s 直到换行，包括读入空格
substr(i, len)	从下标 i 开始，到下标 i+len-1 结束，取长度为 len 的子串
insert(i, s)	在字符串的第 i 个位置插入 s
erase(i, len)	删除字符串第 i 个位置开始的 len 个字符
replace(i, len, t)	以字符串 t 替换字符串第 i 个位置开始的 len 个字符
find(subs)	查找子串 subs 第一次出现的位置

【程序 5-9】报数字说英文
题目描述
输入一个 1~7 之间的数字，表示星期一到星期日，输出相应的英文：Mon、Tue、Wed、Thur、Fri、Sat、Sun。
输入
输入一个 1~7 之间的数字。
输出
输出与数字对应的英文。
样例输入
6
样例输出
Sat
参考程序
```
#include <iostream>
using namespace std;
```

```cpp
int main()
{
    string dayName[8] = {"", "Mon", "Tue", "Wed", "Thur", "Fri", "Sat", "Sun"};
    int day;
    cin >> day;
    cout << dayName[day] << endl;
    return 0;
}
```

【程序 5-10】 二进制转十六进制

题目描述

输入一个由 0 和 1 字符组成的二进制字符串，请转换成十六进制。

输入

输入一个二进制字符串，长度小于 1000 位。

输出

输出一行转换后的十六进制。

样例输入

11010100101

样例输出

6A5

参考程序

```cpp
#include <iostream>
using namespace std;
int main()
{
    string s, ans = "";
    cin >> s;
    for (int i = s.size(); i > 0; i = i-4)
    {
        int t = 0;
        for (int j = max(0, i-4); j < i; j++)
            t = t * 2 + (s[j] - '0');
        if (t < 10)
            ans = char(t + '0') + ans;
        else
            ans = char(t + 'A'- 10) + ans;
    }
    cout << ans <<endl;
    return 0;
}
```

说明：

1) 要从后向前每次取四位二进制字符转换。

2) 最后一次若不够四位二进制字符，则 max(0, i-4) 取值为零。

【程序 5-11】 单词统计

题目描述
输入一行字符，统计其中包含多少个单词（单词之间用空格分隔）。
输入
输入一个以空格分隔的字符串。
输出
字符串中的单词个数。
样例输入
I love c++ programming
样例输出
4
参考程序

```cpp
#include <iostream>
using namespace std;
int main()
{
    string str;
    int i, num = 0, word = 0;
    char c;
    getline(cin, str);                        //输入一行字符给字符串变量 str
    for (i = 0; (c = str[i]) != '\0'; i++)    //只要字符不是'\0'就循环
        if (c == ' ')
            word = 0;                          //若是空格字符，使 word 置 0
        else if (word == 0)                    //如果不是空格字符且 word 原值为 0
        {
            word = 1;                          //使 word 置 1
            num++;                             //num 累加 1，表示增加一个单词
        }
    cout << num <<endl;                        //输出单词数
    return 0;
}
```

【程序 5-12】最大字符串
题目描述
输入三个字符串，输出其中按字典序最大的字符串。
输入
输入三个字符串。
输出
输出其中字典序最大的字符串。
样例输入
beijing shanghai Guangzhou
样例输出
shanghai

参考程序

```cpp
#include <iostream>
using namespace std;
int main()
{
    string s, str[3];        //定义字符串数组
    int i;
    for (i = 0; i < 3; i++)
        cin >> str[i];
    if (str[0] > str[1])
        s = str[0];
    else
        s = str[1];
    if (str[2] > s)
        s = str[2];
    cout << s << endl;
    return 0;
}
```

5.5 二维数组

二维数组的本质是以一维数组为元素的数组,即"数组的数组"。可以把二维数组看作矩阵,定义二维数组时带有两个下标维度,其中第一个下标对应行维度,第二个下标对应列维度。

5.5.1 定义与引用二维数组

定义二维数组的一般格式如下。

类型 数组名[常量表达式 1][常量表达式 2];

表达式 1 代表二维数组的行数,表达式 2 代表二维数组的列数。C/C++中,二维数组在内存中按行优先顺序存放。注意,元素的行下标和列下标均是从 0 开始。例如:

```
int a[10][10];    //定义一个 10 行 10 列的整型二维数组 a,其元素是 a[0][0]~a[9][9]
```

5.5.2 二维数组的初始化

可以在定义二维数组时给数组元素初始化赋值,若仅给部分元素提供初值,则对 int 数组而言未提供初值的元素自动赋值 0,对 char 数组而言未提供初值的元素自动赋值'\0'。例如:

```
int a[2][3]={{1,2,3},{4,5,6}};      //每个花括号中的 3 个数据对应矩阵的 1 行
int a[2][3]={1,2,3,4,5,6};          //按行优先给二维数组元素赋值,效果同上
int a[][3]={1,2,3,4,5,6};           //行数可缺省,系统根据总数目与列数计算行数
int a[][3]={{1,2,3},{},{4,5,6}};    //行数可缺省,系统只对部分元素赋值
int a[2][3]={{1},{4}};              //部分元素提供初值,除 a[0][0]=1, a[1][0]=4 外其余元素赋值 0
```

【程序 5-13】三角矩阵

题目描述

输入一个正整数 n 和 n 阶方阵 A 中的元素，若 A 是上三角矩阵则输出"YES"，否则输出"NO"。上三角矩阵的主对角线（不包含主对角线）以下元素均为 0。

输入

输入一个正整数 n（1≤n≤10）和 n 阶方阵 A 中的元素，均为整数。

输出

若 A 是上三角矩阵则输出"YES"，否则输出"NO"。

样例输入

```
4
1 2 3 4
0 5 6 7
0 0 8 9
0 0 0 10
```

样例输出

```
YES
```

参考程序

```cpp
#include <iostream>
using namespace std;
const int N = 10;
int main()
{
    int n, a[N][N];
    cin >> n;
    for (int i = 0; i < n; i++)
        for (int j = 0; j < n; j++)
            cin >> a[i][j];
    for (int i=0; i<n; i++)
        for (int j = 0; j < i; j++)
            if (a[i][j] != 0) {
                cout<< "NO" << endl;
                return 0;
            }
    cout<< "YES" <<endl;
    return 0;
}
```

【程序 5-14】矩阵乘积

题目描述

计算两个矩阵 A 和 B 的乘积。

输入

第一行三个正整数 m、p、n（m、n、p 的取值范围为 2～10 的整数），表示矩阵 A 是 m 行 p 列，矩阵 B 是 p 行 n 列；接下来的 m 行是矩阵 A 的内容，每行 p 个整数，以空格分隔；最后的 p 行是矩阵 B 的内容，每行 n 个整数，以空格分隔。

输出
输出矩阵 A 和 B 的乘积，输出占 m 行，每行 n 个数据，以空格分隔。

样例输入
2 3 4
1 0 1
0 0 1
1 1 1 3
4 5 6 7
8 9 1 0

样例输出
9 10 2 3
8 9 1 0

参考程序

```cpp
#include <iostream>
using namespace std;
const int N = 10;
int main()
{
    int a[N][N], b[N][N], c[N][N];
    int m, p, n;
    cin >> m >> p >> n;
    for (int i = 0; i < m; i++)
        for (int j = 0; j < p; j++)
            cin >> a[i][j];
    for (int i = 0; i < p; i++)
        for (int j = 0; j < n; j++)
            cin >> b[i][j];
    for (int i = 0; i < m; i++)
        for (int j = 0; j < n; j++)
        {
            c[i][j] = 0;
            for (int k = 0; k < p; k++)
                c[i][j] = c[i][j] + a[i][k] * b[k][j];
        }
    for (int i = 0; i < m; i++)
    {
        for (int j = 0; j < n - 1; j++)
            cout << c[i][j] << " ";
        cout << c[i][n-1] << endl;
    }
    return 0;
}
```

5.6 本章实例

【程序 5-15】 高频字母

题目描述

输入一个字符串,输出字符串中出现次数最多的字母。

输入

输入一个只含有大小写字母和空格的字符串,长度不超过 100。

输出

输出一个小写字母,表示该字符串中出现次数最多的字母。若有多个则只输出 ASCII 码最小的那个字母。

样例输入

A ab abc

样例输出

a

参考程序

```cpp
#include <iostream>
using namespace std;
int main()
{
    string s;
    getline(cin, s);
    int a[26] = {0};
    for (int i = 0; i <= s.length(); i++)
        if (s[i] >= 'a' && s[i] <= 'z')
            a[s[i] - 'a']++;
        else if (s[i] >= 'A' && s[i] <= 'Z')
            a[s[i] - 'A']++;
    int max = 0;
    for (int i = 0; i < 26; i++)
        if (a[max] < a[i])
            max = i;
    cout << char(max + 'a') << endl;
    return 0;
}
```

【程序 5-16】 拼火柴棒

题目描述

小明发现用火柴棒可以拼成不同的数字,如图 5-1 所示。

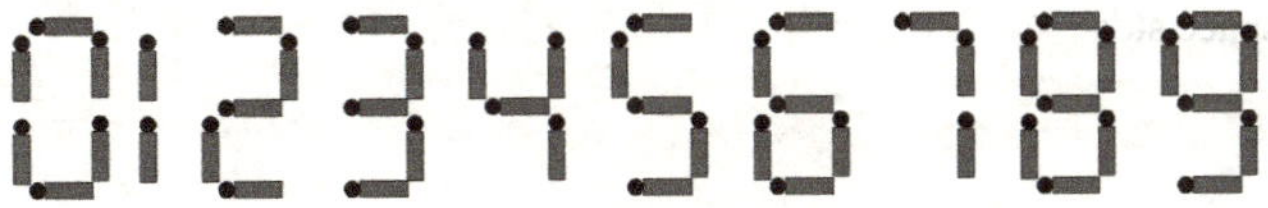

图 5-1 火柴棒拼成的数字

于是和机器人小灵玩游戏，规则是小明报一个整数，小灵马上说出需要多少根火柴棒。

输入

输入一个正整数。

输出

输出拼成该整数需要的火柴棒数量。

样例输入

10

样例输出

8

参考程序

```cpp
#include <iostream>
using namespace std;
int main()
{
    int num, sum=0, a[10] = {6, 2, 5, 5, 4, 5, 6, 3, 7, 6};
    cin >> num;
    while (num > 0){
        sum = sum + a[num%10];
        num = num / 10;
    }
    cout << sum << endl;
    return 0;
}
```

【程序 5-17】年度第几天

题目描述

输入一个日期，输出该日期是所在年的第几天。

输入

输入一个日期。

输出

输出该日期是所在年的第几天。

样例输入

2021 1 29

样例输出

29

参考程序

```cpp
#include <iostream>
using namespace std;
int main()
{
    int year, month, day, leap = 0, shift[2][13] = {{0,31,28,31,30,31,30,31,31,30,31,30,31},
```

```
                            {0,31,29,31,30,31,30,31,31,30,31,30,31}};
    cin >> year >> month >> day;
    if (year % 4 == 0 && year % 100 != 0 || year % 400 == 0)
        leap = 1;
    for (int i = 1; i < month; i++)
        day += shift[leap][i];
    cout << day << endl;
    return 0;
}
```

【程序 5-18】选美大赛

题目描述
某地区选美大赛共有 n 个选手（编号为 1~n），m 个评委。每个评委只能拿到一张选票，每张选票可为编号 L 到 R 的选手加上一分。现在请您找出得分最高的选手。

输入
第一行两个整数 n, m（$1 \leq n \leq 10^5, 1 \leq m \leq 10^5$），接下来 m 行，每行两个整数 L，R（$1 \leq L \leq R \leq n$）。

输出
得分最高的选手编号，若有多位选手得最高分则按递增顺序输出每个选手的编号（各选手编号以空格分隔，注意不要有行末空格）。

样例输入
```
5 8
2 3
2 4
3 5
4 4
2 4
3 3
4 5
2 3
```

样例输出
```
3
```

参考程序
```cpp
#include <iostream>
using namespace std;
int a[100010];
int main(){
    int n, m;
    cin >> n >> m;
    for (int i = 0; i < m; i++){
        int l, r;
        cin >> l >> r;
        a[r + 1]--;
```

```
            a[l]++;
        }
        int max = 0;
        for (int i = 1; i <= n; i++){
            a[i] = a[i] + a[i - 1];
            if (a[i] > max)
                max = a[i];
        }
        int flag = 0;
        for (int i = 1; i <= n; i++){
            if (a[i] == max)
                if (flag == 0)
                    cout << i, flag = 1;
                else
                    cout << " " <<i ;
        }
        return 0;
    }
```

【程序 5-19】杨辉三角形
题目描述
输出杨辉三角形。
输入
第一行输入一个整数 n（1≤n≤10）。
输出
输出杨辉三角形的前 n 行，每个数字占 8 格左对齐。
样例输入
4
样例输出
1
1   1
1   2   1
1   3   3   1
参考程序

```
    #include <iostream>
    using namespace std;
    int const N = 10;
    int main()
    {
        int n, a[N][N];
        cin >> n;
        for (int i = 0; i < n; i++){
            a[i][0] = 1;
            a[i][i] = 1;
```

```
            }
            for (int i = 2; i < n; i++)
                for (int j = 1; j <= i-1; j++)
                    a[i][j] = a[i-1][j-1] + a[i-1][j];
            for (int i = 0; i < n; i++){
                for (int j = 0; j <= i; j++)
                    printf("%-8d", a[i][j]);
                printf("\n");
            }
            return 0;
        }
```

习题

一、选择题

1. 以下叙述正确的是（　　）。
    A．数组名的规定与变量名不相同
    B．数组名后面的常量表达式用一对小括号括起来
    C．数组下标的数据类型为整型常量或整型表达式
    D．在 C/C++语言中，一个数组的数组元素的下标从 1 开始

2. 下面关于 C/C++语言源程序的错误中，通常不能在编译时发现的是（　　）。
    A．括号不匹配   B．非法标识符
    C．程序结构不完整   D．数组元素下标值越界

3. 以下合法的数组定义是（　　）。
    A．int a[]="Language";
    B．char a[]="C Program Language.";
    C．char a="C Program";
    D．int a[5]={0,1,2,3,4,5};

4. 以下程序的输出结果是（　　）。

```
#include <iostream>
using namespace std;
int main(){
    char str[10]="Ch\nina";
    printf("%d",strlen(str));
    return 0;
}
```

   A．6   B．5   C．7   D．10

5. 若有数组定义"int a[5];"，则下面不可以给 5 个数组元素赋值的是（　　）。
    A．a={1,2,3,4,5};
    B．for(i=0;i<5;i++)   scanf("%d", &a[i]);
    C．a[0]=1; a[1]=6; a[2]=8; a[3]=2; a[4]=9;

D. for(i=0;i<5;i++)　　a[i]=i;

6. 以下能对二维数组 a 进行正确初始化的语句是（　　）。
　　A．int a[2][]={{1, 0, 1}, {5, 2, 3}};
　　B．int a[][3]={{1, 2, 3}, {4, 5, 6}};
　　C．int a[2][4]={ {1, 2, 3}, {4, 5}, {6}};
　　D．int a[][]={{1, 0, 1}, {}, {1, 1}};

7. 已有定义"int a[3][4]={0};"，则下面正确的叙述是（　　）。
　　A．只有元素 a[0][0]可得到初值
　　B．此说明语句不正确
　　C．数组 a 中各元素都可得到初值，但其值不一定为 0
　　D．数组 a 中每个元素均可得到初值 0

8. 已有定义"int a[3][2]={1, 2, 3, 4, 5, 6};"，数组元素（　　）的值为 6。
　　A．a[3][2]　　　B．a[2][1]　　　C．a[1][2]　　　D．a[2][3]

9. 若存在数组定义"int a[5];"，则下面可以输出数组 a 中所有元素值的是（　　）。
　　A．printf("%d", a);
　　B．for (i=1;i<=5;i++)　　printf("%d", a[i]);
　　C．for (i=0;i<5;i++)　　printf("%d", a[i]);
　　D．while (a[i]!='\0')　　printf("%d", a[i]);

10. 定义一个名为 s 的字符型数组,并且赋初值为字符串"abc"的错误语句是（　　）。
　　A．char s[ ]={'a','b','c','\0'};
　　B．char s[ ]={"abc"};
　　C．char s[ ]={"abc\n"};
　　D．char s[4]={'a','b','c'};

11. 已有定义"int a[]={5, 4, 3, 2, 1}, i=4;"，下列对 a 数组元素的引用中错误的是（　　）。
　　A．a[--i]　　　B．a[a[0]]　　　C．a[2*2]　　　D．a[a[i]]

12. 已有定义"char ch[8]="abc";"，则 sizeof(ch)的值是（　　）。
　　A．8　　　　　B．3　　　　　C．1　　　　　D．4

13. 已有定义"char ch[20]= "one";"，在程序运行过程中，若要想使数组 ch 中的内容修改为"two"，则下列语句中能实现该功能的是（　　）。
　　A．ch="two";　　　　　　　　　B．ch[20]=" two";
　　C．strcat(ch, " two");　　　　　D．strcpy(ch, " two");

14. 下面程序中是否有错误？（　　）

```
1    #include <iostream>
2    using namespace std;
3    int main(){
4        float a[10] = {0.0};
5        for (int i = 0; i < 3; i++)
6            scanf("%f", a[i]);
7        for (int i = 1; i < 3; i++)
8            a[0] = a[0] + a[i];
```

```
9        printf("%f\n", a[0]);
10       return 0;
11   }
```

  A．没有错误 B．第 4 行有错误 C．第 6 行有错误 D．第 8 行有错误

15．下列语句的输出结果是（ ）。

```
int i;
int a[3][3]={1, 2, 3, 4, 5, 6, 7, 8, 9};
for (i = 0; i < 3; i++)
    printf("%d ", a[i][2−i]);
```

  A．3 5 7   B．1 5 9   C．3 6 9   D．1 4 7

16．以下程序执行后的输出结果是（ ）。

```
#include <iostream>
using namespace std;
int main() {
    int i,j,s=0;
    int a[4][4]={1, 2, 3, 4, 0, 2, 4, 6, 3, 6, 9, 12, 3, 2, 1, 0};
    for(j = 0; j < 4; j++){
        i = j;
        if (i > 2) i = 3 − j;
            s += a[i][j];
    }
    printf("%d\n", s);
    return 0;
}
```

  A．18   B．16   C．12   D．11

17．设有定义语句"int a[2][4];"则以下叙述不正确的是（ ）。

  A．元素 a[0]是由 4 个整型元素组成的一维数组

  B．a[0]代表一个地址常量

  C．a 数组可以看成是由 a[0]、a[1]两个元素组成的一维数组

  D．可以用"a[0] = 5;"的形式给数组元素赋值

18．下列描述正确的是（ ）。

  A．两个字符串所包含的字符个数相同时，才能比较字符串

  B．字符个数多的字符串比字符个数少的字符串大

  C．字符串"That"小于字符串"The"

  D．字符串"STOP "与"STOP"相等

19．假设 a、b 均为字符数组，则以下正确的输入语句是（ ）。

  A．gets("a"); gets("b");

  B．gets(a,b);

  C．scanf("%s %s", &a, &b);

  D．scanf("%s %s", a, b);

20．若二维数组 a 有 m 列，a[0][0]位于数组的第一个位置，则元素 a[i][j]位于数组的

第（　　）个位置。

　　　A. i*m+j　　　　B. j*m+i　　　　C. i*m+j-1　　　　D. i*m+j+1

二、填空题

1. 在 C/C++中，二维数组元素在内存中按_____（行优先/列优先）顺序存放。

2. 数组在内存中占一片_____的存储区，由_____代表它的首地址。

3. 若二维数组 a 有 n 列，则在存储该数组时，a[i][j]之前有_____个数组元素。

4. 若有定义"double x[3][5];"则 x 数组中行下标的下限为_____，列下标的上限为_____。

5. 已有定义"char ch[10]= "storybook";"，执行"puts(ch+5):"后的输出结果是_____。

6. 字符串"abcd\t\\\123"的长度是_____。

7. 若有定义"int a[3][4] = {{1,2}, {0}, {4,6,8,10}};"则初始化后，a[1][2]得到的初值是_____，a[2][1]得到的初值是_____。

8. 以下程序段运行后 sum 的值为_____。

```
int k = 0, sum = 0;
int a[3][4] = {1, 2, 3, 4, 5, 6, 7, 8, 9, 10, 11, 12};
for (k = 0; k < 3; k++)
    sum += a[k][k+1];
```

9. 以下程序段的输出结果是_____。

```
int m[ ][3]={1, 4, 7, 2, 5, 8, 3, 6, 9};
int i, j, k = 2;
for (i = 0; i < 3; i++)
    printf("%d ", m[k][i]);
```

10. 程序中已有定义"int n; char ch[50]="123456";"，执行语句"strcpy(ch+4, "123456"); n=strlen(ch);"后变量 n 的值是_____。

三、编程题

1. 当月天数（用数组实现）

题目描述

输入年份和月份，输出这一年的这一个月有多少天。

输入

输入两个正整数，分别表示年份 y 和月份 m，以空格分隔。

输出

输出一个正整数，表示这个月有多少天。

样例输入

2025 2

样例输出

28

2. 摘苹果

题目描述

小明家的院子里有一棵苹果树，每到秋天树上就会结出 10 个苹果。苹果成熟的时候，小明就会跑去摘苹果。小明有个 30cm 高的板凳，当他不能直接用手摘到苹果的时候，就会踩到板凳上再试试。

现在已知 10 个苹果到地面的高度，以及小明把手伸直的时候能够达到的最大高度，请帮小明算一下他能够摘到的苹果的数目。假设他碰到苹果，苹果就会掉下来。

输入

包括两行数据。第一行包含 10 个 100～200（包括 100 和 200）的整数（以 cm 为单位），分别表示 10 个苹果到地面的高度，两个相邻的整数之间用一个空格分隔。第二行只包括一个 100～120（包含 100 和 120）的整数（以 cm 为单位），表示小明把手伸直的时候能够达到的最大高度。

输出

包括一行，这一行只包含一个整数，表示小明能够摘到的苹果的数目。

样例输入

100 200 150 140 129 134 167 198 200 111
110

样例输出

5

3．校门外的树

题目描述

某校大门外长度为 L 的马路上有一排树，每两棵相邻的树间隔均为 1m。可以把马路看成一个数轴，马路的一端在数轴 0 的位置，另一端在 L 的位置；数轴上的每个整数点，即 0，1，2，…，L，都种有一棵树。马路上有一些区域要用来建地铁，这些区域用它们在数轴上的起始点和终止点表示。已知任一区域的起始点和终止点的坐标都是整数，区域之间可能有重合的部分。现在要把这些区域中的树（包括区域端点处的两棵树）移走。请计算将这些树都移走后，马路上还有多少棵树。

输入

第一行有两个整数 L（1≤L≤10000）和 M（1≤M≤100），L 代表马路的长度，M 代表区域的数目，L 和 M 之间用一个空格分隔。接下来的 M 行每行包含两个不同的整数，用一个空格分隔，表示一个区域的起始点和终止点的坐标。

注意，区域之间可能有重合的情况。

输出

包括一行，这一行只包含一个整数，表示马路上剩余的树的数目。

样例输入

500 3
150 300
100 200
470 471

样例输出

298

4．石头剪刀布

题目描述

石头剪刀布是常见的猜拳游戏。石头胜剪刀，剪刀胜布，布胜石头。如果两个人出拳一样，则不分胜负。一天，小 A 和小 B 玩石头剪刀布。已知他们的出拳都是有周期性规律的，比如："石头-布-石头-剪刀-石头-布-石头-剪刀…"，就是以"石头-布-石头-剪刀"为周期不断循环的。请问，小 A 和小 B 比了 N 轮之后，谁赢的轮数多？

输入

输入包含三行。

第一行包含三个整数：N，NA，NB，分别表示比了 N 轮，小 A 出拳的周期长度，小 B 出拳的周期长度。N、NA、NB 为 1~99 的三个整数。

第二行包含 NA 个整数，表示小 A 出拳的规律。

第三行包含 NB 个整数，表示小 B 出拳的规律。

其中，0 表示"石头"，2 表示"剪刀"，5 表示"布"。相邻两个整数之间用空格分隔。

输出

输出一行，如果小 A 赢的轮数多，输出 A；如果小 B 赢的轮数多，输出 B；如果两人打平，输出 draw。

样例输入

10 3 4
0 2 5
0 5 0 2

样例输出

A

提示：

对于测试数据，猜拳过程如下。

A：0 2 5 0 2 5 0 2 5 0

B：0 5 0 2 0 5 0 2 0 5

A 赢了 4 轮，B 赢了 2 轮，双方打平 4 轮，所以 A 赢的轮数多。

5．相同数个数

题目描述

输出一个整数序列中与指定数字相同的数的个数。总时间限制：1000ms，内存限制：65536 KB。

输入

输入包含三行。第一行为 N，表示整数序列的长度（N≤100）；第二行为 N 个整数，整数之间以空格分隔；第三行包含一个整数，为指定的整数 m。

输出

输出为 N 个数中与 m 相同的数的个数。

样例输入

3
2 3 2
2

样例输出

2

6．冰雹猜想

题目描述

给出一个正整数 n（1≤n≤100），然后对这个数字一直进行下面的操作：如果这个数字是奇数，那么将其乘 3 再加 1，否则除以 2。经过若干次循环后，最终都会回到 1。经过验证，很大的数字（如 $7×10^{11}$）都可以按照这样的方式变成 1，所以被称为"冰雹猜想"。例如当 n 是 20，变化的过程是 20→10→5→16→8→4→2→1。根据给定的数字，验证这个猜想，并从最后的 1 开始，倒序输出整个变化序列。

输入

输入一个正整数 n（1≤n≤100）。

输出

输出若干个由空格隔开的正整数，表示从最后的 1 开始倒序的变化数列。

样例输入

20

样例输出

1 2 4 8 16 5 10 20

7．卡片游戏

题目描述

小明有很多数字卡片，每张卡片上都是 0~9 中的一个数字。小明准备用这些卡片来拼一些数，他想从 1 开始拼出正整数，每拼一个，就保存起来，卡片就不能用来拼其他数了。小明想知道自己能从 1 拼到多少。例如，当小明有 30 张卡片，其中 0~9 各 3 张，则可以拼出 1 到 10，但是拼 11 时卡片 1 已经只有一张了，不够拼出 11。现在小明手里有 0 到 9 的卡片各 n 张，请问小明可以从 1 拼到多少？

输入

输入一个正整数 n。

输出

小明可以从 1 拼到的最大数值。

样例输入

2021

样例输出

3181

8．整数位序

题目描述

下面的图形是著名的杨辉三角形。

```
                1
              1   1
            1   2   1
          1   3   3   1
        1   4   6   4   1
      1   5   10  10  5   1
      …              …              …
```

如果按从上到下、从左到右的顺序把所有数排成一列，可以得到如下数列：

1，1，1，1，2，1，1，3，3，1，1，4，6，4，1，…

给定一个正整数 N，请你输出数列中第一次出现 N 是在第几个数？总时间限制：1000ms，内存限制：65536KB。

输入

输入一个正整数 N。

输出

输出一个整数代表正整数 N 所在的位序。

样例输入

6

样例输出

13

9．彩票兑奖

题目描述

为了丰富人民群众的生活、支持社会公益事业，北塔市设置了一项彩票。该彩票的规则如下。

1）每张彩票上印有 7 个各不相同的号码，且这些号码的取值范围为 1～33。

2）每次在兑奖前都会公布一个由 7 个各不相同的号码构成的中奖号码。

3）共设置 7 个奖项：特等奖、一～六等奖。

兑奖规则如下：

① 特等奖：要求彩票上 7 个号码都出现在中奖号码中。
② 一等奖：要求彩票上有 6 个号码出现在中奖号码中。
③ 二等奖：要求彩票上有 5 个号码出现在中奖号码中。
④ 三等奖：要求彩票上有 4 个号码出现在中奖号码中。
⑤ 四等奖：要求彩票上有 3 个号码出现在中奖号码中。
⑥ 五等奖：要求彩票上有 2 个号码出现在中奖号码中。
⑦ 六等奖：要求彩票上有 1 个号码出现在中奖号码中。

注：兑奖时并不考虑彩票上的号码和中奖号码中的各个号码出现的位置。例如，中奖号码为"23 31 1 14 19 17 18"，则彩票"12 8 9 23 1 16 7"由于其中有两个号码（23 和 1）出现在中奖号码中，所以该彩票中了五等奖。

现已知中奖号码和小明买的若干张彩票的号码，请你写一个程序帮助小明判断他买的彩票的中奖情况。

输入

输入的第一行只有一个自然数 n，表示小明买的彩票张数；第二行存放了 7 个介于 1～33 之间的自然数，表示中奖号码；在随后的 n 行中每行都有 7 个介于 1～33 之间的自然数，分别表示小明所买的 n 张彩票。其中 1≤n＜1000。

输出

依次输出小明所买的彩票的中奖情况（中奖的张数），首先输出特等奖的中奖张数，然后依次输出一等奖～六等奖的中奖张数。

样例输入

2

```
23 31 1 14 19 17 18
12 8 9 23 1 16 7
11 7 10 21 2 9 31
```
样例输出
```
0 0 0 0 0 1 1
```

10. 最多质数

题目描述

小 A 有一个质数口袋，里面可以装各个质数。他从 2 开始，依次判断各个自然数是不是质数，如果是质数就会把这个数字装入口袋。口袋的负载量就是口袋里的所有数字之和。但是口袋的承重量有限，所装质数之和不能超过 L。给定 L，请问口袋里最多能装下几个质数？将这些质数从小到大输出（数之间用空格分隔），然后换行输出最多能装下的质数的个数。

输入

输入一个正整数 L。

输出

将这些质数从小到大输出（空格分隔），然后换行输出最多能装下的质数个数。

样例输入

```
100
```

样例输出

```
2 3 5 7 11 13 17 19 23
9
```

11. 开关灯

题目描述

假设有 N 盏灯（N 为不大于 5000 的正整数），从 1 到 N 按顺序依次编号，初始时全部处于开启状态；有 M 个人（M 为不大于 N 的正整数）也从 1 到 M 依次编号。第一个人（1号）将灯全部关闭，第二个人（2号）将编号为 2 的倍数的灯打开，第三个人（3号）将编号为 3 的倍数的灯做相反处理（即，将打开的灯关闭，将关闭的灯打开）。依照编号递增顺序，以后的人都和 3 号一样，将凡是自己编号倍数的灯做相反处理。请问：当第 M 个人操作之后，哪几盏灯是关闭的？按从小到大顺序输出其编号（用空格分隔）。

输入

输入正整数 N 和 M，以单个空格隔开。

输出

顺次输出关闭的灯的编号，用空格分隔开。

样例输入

```
10 10
```

样例输出

```
1 4 9
```

第 6 章 函　　数

在设计复杂的大型程序时,通常将其划分为若干模块,每个模块包含一个或多个函数。函数由一段相对独立的程序组成,这段程序能够实现某一方面独立或完整的功能。一个 C/C++程序无论大小,均由一个或多个函数组成。函数是实现程序结构模块化的重要手段,不仅使程序设计变得清晰简洁,而且有利于提高程序的可读性、可复用性和可维护性。

6.1　定义与调用函数

C/C++提供了标准函数库,但是库中的标准函数并不能完全满足所有的应用需求。在实际情况中,当面对需要反复执行一系列紧密相关且共同完成特定任务的语句时,为了提高代码的可读性、可维护性以及复用性,通常会将这些语句组织并封装为一个自定义函数。

6.1.1　定义函数

定义函数的一般格式如下。

```
返回类型  函数名([类型  参数 1, 类型  参数 2…])
{
    …//书写具体语句
    return  返回值;
}
```

说明:

1)"返回类型"用于指定函数返回值的类型,表示调用该函数完成后,应向主调程序返回值的数据类型,在函数体的末尾使用 return 语句返回函数值;若该函数无返回值则函数可定义为 void 类型。

2)"函数名"用于指定函数的名字,方便编程人员按名调用,由开发者自己定义,函数的命名规则与变量的命名规则相同。

3)"参数列表"指定了函数所需参数的类型及名称,规定了调用函数时需要接收的参数集合,这些参数以逗号作为分隔符。参数列表可为空,即使参数列表为空,小括号"()"也不能省略。

4)花括号"{}"中的语句为函数体,用于定义函数的具体功能。函数体可为空,即使函数体为空"{}"也不能省略。函数体中的语句可直接操作参数列表中的参数。

如果函数需要接收用户传递的数据,那么定义时就要带上参数。例如,定义一个函数计算从 m 加到 n 的结果,并将该结果返回。

```
int sum(int m, int n){
    for (int i = m+1; i <= n; i++)
        m += i;
```

```
        return m;
}
```

如果函数无须接收用户传递的数据，那么可将其定义为无参函数。例如：

```
void hello(){
    printf ("Hello,world \n");
    //没有返回值就不需要 return 语句
}
```

6.1.2 调用函数

调用函数的一般格式如下。

函数名(实参列表)

函数调用常出现在函数调用语句、函数表达式、函数参数等多种场合。

1）函数调用语句：函数调用语句是将函数调用单独作为一个语句，如"hello();"，此时不需要函数返回值，只要求函数完成特定的操作。

2）函数表达式：函数调用出现在表达式中就构成函数表达式，如"c = max(a, b);"，此时要求函数调用返回确定值参加表达式的运算。

3）函数参数：函数调用也可作为另一函数调用时的实参，如"m = max(a, max(b, c));"中函数调用 max(b, c)就是作为一个参数使用，又如"printf ("%d", max (a,b));"亦是如此。

函数必须遵循"先定义、后使用"或"先声明、后调用"的使用原则。

【**例 6-1**】先声明函数"int add(int x, int y);"，然后在主函数中调用此函数，将函数功能放在主函数后定义。

```
#include <iostream>
using namespace std;
int add(int x, int y);            //函数声明
int main(){
    int a = 2, b = 3, sum;
    sum = add(a, b);              //函数调用
    cout << sum << endl;
    return 0;
}
int add(int x, int y){            //函数定义
    return x + y;
}
```

【**程序 6-1**】质数判断

题目描述

输入两个正整数 m 和 n，输出 m 和 n 之间的所有质数。要求程序定义一个 prime()函数判断一个整数 n 是否为质数，其余功能在 main()函数中实现。

输入

输入两个正整数 m 和 n，m<n，且都在 int 范围内。

输出

输出占一行。输出 m 和 n 之间的所有质数,以空格分隔。测试数据保证 m 到 n 之间一定有质数。

样例输入

2 6

样例输出

2 3 5

参考程序

```cpp
#include <iostream>
#include <cmath>
using namespace std;
int prime(int n);
int main(){
    int m, n;
    cin >> m >> n;
    for (int i = m; i <= n; i++)
        if (prime(i))
            cout << i << " ";
    return 0;
}
int prime(int n){
    int i, k = sqrt(n);
    for (i = 2; i <= k; i++){
        if (n % i == 0)
            break;
    }
    if (n != 1 && i > k)
        return 1;
    else
        return 0;
}
```

【程序 6-2】 组合计算

题目描述

计算从 n 个人中选择 k 个人的不同组合数。显然,这个组合数是 n!/(k!(n-k)!)。要求编写函数 fact(),实现求一个数的阶乘功能,在主函数中调用此函数。

输入

输入两个正整数 n,k,k≤n≤12。

输出

输出一个整数,即 n 个人中选择 k 个人的不同组合数。

样例输入

5 3

样例输出

10

参考程序

```cpp
#include <iostream>
using namespace std;
int fact(int n);
int main(){
    int n, k;
    cin >> n >> k;
    cout << fact(n) / fact(k) / fact(n-k);
    return 0;
}
int fact(int n){
    if (n == 0)
        return 1;
    int m = 1;
    for (int i = 2; i <= n; i++)
        m = m * i;
    return m;
}
```

【程序 6-3】回文数

题目描述

一个正整数，如果从左向右读和从右向左读是一样的，这样的数就叫回文数。输入两个整数 m 和 n（m<n），输出区间[m，n]之间的回文数。

输入

输入两个正整数 m 和 n，输入保证 m<n。

输出

按从小到大的顺序，输出 m 到 n 之间的回文数，每个数后面有一个空格。

样例输入

100 200

样例输出

101 111 121 131 141 151 161 171 181 191

参考程序

```cpp
#include <iostream>
using namespace std;
bool hw(int n);
int main(){
    int m, n;
    cin >> m >> n;
    for (int i = m; i <= n; i++)
        if (hw(i))
            cout << i <<" ";
    return 0;
}
bool hw(int n){
```

```
        int num = n, sum = 0;
        while (num){
            sum = sum*10 + num%10;
            num = num/10;
        }
        if (n == sum)
            return true;
        else
            return false;
    }
```

【程序 6-4】 十进制转 k 进制

题目描述

输入一个十进制整数 n，和一个正整数 k（1<k<10），将 n 转换为 k 进制数。

输入

输入一个十进制整数 n，和一个正整数 k（1<k<10）。

输出

输出将 n 转换后的 k 进制数。

样例输入

-13 2

样例输出

-1101

参考程序

```
#include <iostream>
using namespace std;
string d2k(int n, int k);
int main(){
    int n, k;
    cin >> n >> k;
    if (n >= 0)
        cout << d2k(n, k);
    else
        cout << "-" << d2k(-n, k);
    return 0;
}
string d2k(int n, int k){
    string s;
    while(n){
        char c = n % k + '0';
        s = c + s;
        n = n / k;
    }
    return s;
}
```

6.2 函数的参数

在调用有参函数时,主调函数与被调函数之间存在数据传递关系,参数是主调函数与被调函数之间传递数据的基本方式与途径。

6.2.1 形参与实参

C/C++中函数的参数会出现在两个地方,分别是函数定义处和函数调用处。在函数定义首行中出现的参数可以看作是一个占位符,它没有数据,只能等到函数被调用时接收传递进来的数据,故称为形式参数,简称形参。函数调用处的参数指定了具体实际的值,故称为实际参数,简称实参。形参与实参的功能是传递数据,当发生函数调用时,实参的值会传递给形参。

形参与实参的区别和联系如下。

1)形参变量只有在函数被调用时才会分配内存,调用结束后,所占用内存立刻释放,所以形参变量只在本函数内部有效,不能在本函数外部使用。

2)实参可以是常量、变量、表达式、函数等,无论是何种类型,在进行函数调用时,它们都必须有确定的值,以便在函数调用时将实参值传递给形参。

3)实参和形参在数量、类型、顺序上必须严格一致,否则会发生"类型不匹配"的错误。若能够进行自动类型转换,或者进行了强制类型转换,则视为类型匹配。

4)形参和实参虽然可以同名,但它们之间互相独立、互不影响,因为实参的作用范围在被调用函数外部,而形参的作用范围在被调用函数内部。

【例 6-2】函数调用实例。

```cpp
#include <iostream>
using namespace std;
int sum(int m, int n){
    int i;
    for (i = m + 1; i <= n; ++i)
        m += i;
    return m;
}
int main(){
    int m, n, total;
    cout << " Input two numbers:" << endl;
    cin >> m >> n;
    total = sum(m, n);
    cout << "m=" << m << endl;
    cout << "total=" << total <<endl;
    return 0;
}
```

运行结果:

Input two numbers:

```
1 100↙
m=1
total=5050
```

调用 sum()函数后，sum()函数内部形参 m 的值已经发生了变化，而 sum()函数外部的实参 m 的值依然保持不变，可见虽然它们名字相同，但其实是两个独立的变量，除了实参值传递给形参的一瞬间，其他时候并无关联。

6.2.2 参数的传递

调用有参函数时，主调函数与被调函数之间存在数据传递关系。按参数传递机制的不同，参数传递可分为传值、传地址和传引用三种方式。

1. 传值

按传值方式，数据是从主调函数复制并传递给被调函数，被调函数操作的是数据的副本，而非原始数据本身。因此，被调函数对数据的任何修改都不会反映到主调函数中的原始数据上，从而无法实现数据的双向传递或修改。

假设需要编写一个函数 swap 用于交换两个变量的值，则不能利用传值方式实现。试分析如下程序。

【例 6-3】 传值方式无法实现两个变量值交换。

```cpp
#include <iostream>
using namespace std;
void swap(int x, int y) {
    int temp = x;
    x = y;
    y = temp;
}
int main(){
    int a = 1, b = 2;
    swap(a, b);
    cout << a << " " << b << endl;
    return 0;
}
```

函数调用的过程如下：

1）函数调用前形参 x、y 并不占用内存中的存储单元，当执行函数调用 swap(a, b)时，形参 x、y 才被临时分配内存单元。

2）随后实参 a、b 的值分别传递给形参 x、y，此时即可利用形参 x、y 进行有关运算。

3）函数调用结束后，形参单元 x、y 被释放。

注意：形参 x、y 的值发生改变，不会影响到实参 a、b 的值。因为实参与形参是不同的存储单元。在此方式中，数据传递仅从实参单向传递到形参。

2. 传地址

按传值方式，执行函数调用 swap(a, b)并不能交换 a、b 的值，因为在 swap 函数内部，x、y 分别是 a、b 的值的副本，x、y 的值改变并不会影响到 a、b 的值。正确的 swap 函数实现方法需要使用指针。试分析如下程序。

【例 6-4】传地址方式实现两个变量值交换。

```cpp
#include <iostream>
using namespace std;
void swap(int *x, int *y){
    int temp = *x;
    *x = *y;
    *y = temp;
}
int main(){
    int a = 1, b = 2;
    swap(&a, &b);
    cout << a << " " << b << endl;
    return 0;
}
```

函数调用的过程如下：

1）当执行函数调用 swap(&a, &b)时，作为形参的指针变量 x、y 分别被赋值为 a、b 的地址，而不是像值传递那样将实参的值复制给形参变量。

2）调用函数 swap 执行过程中，指针 x 和指针 y 指向的地址没变，但所指向地址中的值发生改变，即 a、b 的值发生改变，a 和 b 的值成功实现交换。

注意： 此种方式中，数据实现了从主调函数到被调函数、再从被调函数到主调函数的双向传递。这种实参为地址、形参为指针的方式称为"传地址"方式。第 7 章将详细介绍指针。

3. 传引用

除此之外，C++扩充了 C 的参数传递机制，增加了引用的参数传递机制。定义函数时，若在形参类型与形参名之间添加符号"&"，则该形参为引用参数。试分析以下程序。

【例 6-5】传引用方式实现两个变量值的交换。

```cpp
#include <iostream>
using namespace std;
void swap(int &x, int &y){
    int temp = x;
    x = y;
    y = temp;
}
int main(){
    int a = 1, b = 2;
    swap(a, b);
    cout << a << " " << b << endl;
    return 0;
}
```

在传引用方式中，形参仅是实参的别名，它们指向同一个内存位置。这种形参为实参别名的参数传递方式称为"传引用"。

注意： 引用创建时必须初始化，不能为空，不能改变指向。

传引用与传地址方式均能实现两个变量值的数据交换，但传引用方式还有其他两个优点：不必为形参额外分配存储空间；程序编写更为简洁方便。不过，也存在仅适用传地址方式的一些特定情形，以下为仅适合使用传地址方式的情形。

1）若一个指针指向不定，或者在中途需要改变其指向。
2）有时一个指针可能是空指针，例如把指针作为函数的参数类型或返回类型时。
3）使用函数指针，由于没有函数引用，所以函数指针无法被引用替代。
4）使用 new 创建的对象或数组，需要用指针来存储它的地址。
5）以数组形式传递批量数据时，需要用指针类型接受参数。

6.3 变量的作用域

变量的作用域是指变量有效可用的代码范围，有些变量可以在整个程序或其他程序中引用，而有些变量则只能在局部范围内进行引用。因此，变量按照作用域范围的不同可分为局部变量和全局变量。

6.3.1 局部变量

局部变量在函数内部定义，故也称内部变量，其作用域仅限于所定义函数内部。定义局部变量的场合有两种情形：在函数内定义、在函数内的复合语句中定义。

1）在函数内定义：函数内部定义的变量只在该函数范围内有效，即只有在该函数内才能引用这些变量，在该函数之外不能使用它们。
2）在函数内的复合语句中定义：复合语句中定义的变量只在本复合语句范围内有效，在该复合语句外不能使用这些变量。

无论在函数内定义变量，还是在函数内的复合语句中定义变量，均是在函数内部定义变量，此时定义的变量都是局部变量。

```
float f1(int a){
    int b, c;
    ...                 ⎫
}                       ⎬ a、b、c 的有效范围
                        ⎭
char f2(int x, int y){
    int i, j;
    ...                 ⎫
}                       ⎬ x、y、i、j 的有效范围
                        ⎭
int main(){
    int m, n;
    ...                 ⎫
    return 0;           ⎬ m、n 的有效范围
}                       ⎭
```

说明：

1）主函数也是一个函数，主函数中定义的变量也只能在主函数内使用，不能在其他函数中使用；同时，主函数内也不能使用其他函数中定义的变量。
2）形参变量是属于被调函数的局部变量，实参变量是属于主调函数的局部变量。

3）不同函数中可以定义同名的变量，它们代表不同的对象，互不干扰。
4）在某函数内部，可以在复合语句中定义变量，这些变量只在该复合语句中有效。

```
int main (){
    int a, b;
    ...
    {
        int c;
        c = a + b;     c 在此复合语句内有效
        ...
    }                                          a、b 在此范围内有效
    ...
}
```

6.3.2 全局变量

程序的编译单位是源文件，一个源文件可包含若干个函数。函数内定义的变量是局部变量，而函数外定义的变量称为外部变量，也称全局变量。全局变量可为该源文件中其他函数所共用，其有效范围从定义变量的位置开始到该源文件结束。

```
int p = 1, q = 5, n = 1;
float f1(int a){
    int b, c;
    ...
}
char d, e;
char f2 (int x, int y){
    int i, j;
    ...                                全局变量 p、q、n 的作用域
}
int main(){//主函数
    int m, n = 6;         全局变量 d、e 的作用域
    ...
    n++;
    return 0;
}
```

注意：

若局部变量和全局变量同名，则在该局部变量的作用域中，起作用的是局部变量，全局变量不起作用。例如 main 函数中定义的局部变量 n 和全局变量 n 同名，那么主函数中语句"n++;"是将局部变量 n 的值改为 7，全局变量 n 的值仍为 1 不会受到影响。

全局变量增加了函数间数据联系的渠道。由于同一文件中的所有函数都能引用全局变量，因此如果在一个函数中改变了全局变量的值，就能影响到其他函数中的全局变量取值。相当于函数间有了直接的数据传递通道。但是非必要不建议使用全局变量，原因如下：

1）全局变量在程序全部执行过程中均占用存储单元，而不是仅在需要时开辟单元。
2）各函数均可引用全局变量，导致了函数间的强耦合性，降低了函数的通用性。

3）全局变量降低了程序的清晰性，难以清晰地判断每个时刻各个全局变量的取值。

4）若全局变量与局部变量同名，则在该局部变量作用域内，同名全局变量将被屏蔽。若要引用全局变量，则应在变量名前加上域限定符"::"。

6.4 变量的生存期

变量的生存期是指变量从创建到被销毁的这段时间，实际上就是变量占用内存的时间。生存期和作用域是从时间和空间两个不同角度来描述变量的特性，两者之间既存在联系、又相互区别。一个变量的生存期并不能仅通过作用域来判断，还与该变量的存储类型有关。C/C++中变量的存储类型有四种：auto、static、register、extern。

1. 自动变量

自动变量用关键字 auto 作为存储类型声明。自动变量属于动态存储方式，动态存储方式在程序运行期间根据需要动态分配存储空间。若某程序中包含若干函数，在程序执行过程中先后调用各个函数，则调用函数时会动态地分配和释放存储空间。

例如：

```
int f(int a){
    auto int b = 3;          //定义 b 为自动变量
    …
}
```

a 是形参，b 是自动变量，均采用动态存储方式。执行完 f 函数后，自动释放 a、b 所占的存储单元。关键字 auto 可以省略，auto 不写则默认为"自动存储类型"。

2. 静态变量

静态变量用关键字 static 作为存储类型声明。静态变量属于静态存储方式，静态存储方式在程序运行期间分配固定的存储空间。

对于静态全局变量，在程序开始执行时为其分配存储空间，程序执行完毕才释放该空间，在程序执行过程中它们占据固定的存储空间。

有时希望函数中局部变量的值在函数调用结束后不消失而继续保留，即其占用的存储单元不释放，在下一次再调用该函数时，该变量已有值（就是上一次函数调用结束时的值）。这时就应指定该局部变量为"静态局部变量"，用关键字 static 进行声明。

【例 6-6】考察静态局部变量的值。

```
#include <stdio.h>
int main(){
    int f(int);              //函数声明
    int a = 2, i;            //自动局部变量
    for (i = 0; i < 3; i++)
        printf("%d\n", f(a));
    return 0;
}
int f(int a){
    auto int b = 0;          //自动局部变量
    static int c = 3;        //静态局部变量
```

```
        b = b + 1;
        c = c + 1;
        return (a + b + c);
    }
```

说明：

1）静态局部变量属于静态存储类型，在静态存储区内分配存储单元，程序整个运行期间不释放。动态局部变量属于动态存储类型，分配在动态存储区，函数调用结束后立即释放。

2）静态局部变量在编译时赋初值，只赋初值一次，在程序运行时它已有初值。以后每次调用函数时不再重新赋初值而是保留上次函数调用结束时的值。但对自动变量赋初值不是在编译时进行，而是在函数调用时进行，每调用一次函数重新赋一次初值。

3）如果定义局部变量时未赋初值，那么对静态局部变量来说，编译时自动赋初值 0（对数值变量）或空字符'\0'（对字符变量）。而对于自动变量，每次函数调用结束后存储单元立即释放，下次调用时又重新分配存储单元，故所分配单元中的内容不确定。

4）虽然静态局部变量在函数调用结束后仍然存在，但是局部变量只能被所属函数引用，不能被其他函数引用。

3．寄存器变量

C/C++中使用关键字 register 来声明寄存器变量。寄存器变量的值存放在 CPU 的寄存器中，当需要时 CPU 就可以直接使用，而无须再通过控制器从内存中获取。由于操作寄存器的速度远高于操作内存，所以使用寄存器变量可有效地提高程序运行效率。

注意：

1）只有局部变量和形式参数才能被定义为寄存器变量，全局变量和静态局部变量都不能被定义为寄存器变量。

2）计算机中寄存器数量是有限的，寄存器变量不能太多，否则编译程序会自动将寄存器变量设置为自动变量。

3）受硬件限制，寄存器变量只能是 char、int 或指针型，而不能使用其他复杂数据类型。

4）由于 register 变量使用的是 CPU 中的寄存器，所以不能使用取地址运算符"&"求寄存器变量的地址。

现代编译系统已经非常智能化，它们能够自动识别程序中频繁使用的变量，并将这些变量存储在寄存器中，以提高程序的执行效率。这种优化技术无须程序设计者手动指定，编译器会根据变量的使用模式和寄存器的可用性自动做出决策。因此，实际上使用 register 变量的必要性不大。

4．extern 变量

一般来说，外部变量是在函数的外部定义的变量，它的作用域是从变量的定义处开始，到本程序文件的末尾。在此作用域内，外部变量可以被本程序中各个函数引用。但有时程序设计人员希望能扩展外部变量的作用域。

如果外部变量不在文件的开头定义，其有效作用范围只限于定义处到文件结束。在定义处之前的函数不能引用该外部变量。若需要在定义处之前的函数引用该外部变量，则应在引用之前用关键字 extern 对该变量作"外部变量声明"，表示把该外部变量的作用域扩展到此位置。有了此声明，就可以从"声明"处起合法地使用该外部变量。

【例 6-7】调用函数，求 3 个整数中的最大值。

```c
#include <stdio.h>
int main()
{
    int max();
    extern int A, B, C;                      //把外部变量 A、B、C 的作用域扩展到从此处开始
    printf("Please enter three integer numbers:");
    scanf("%d %d %d", &A, &B, &C);           //输入 3 个整数给 A、B、C
    printf("max is %d\n", max());
    return 0;
}
int A, B, C;                                 //定义外部变量 A、B、C
int max()
{
    int m = A > B ? A : B;                   //把 A 和 B 中的大者放在 m 中
    if (C > m)
        m = C;                               //将 A、B、C 三者中的大者放在 m 中
    return m;                                //返回 m 的值
}
```

如果一个程序包含两个文件，在两个文件中都要用到同一个外部变量 Num，不能分别在两个文件中各自定义一个外部变量 Num，否则在程序链接时会出现"重复定义"的错误。正确的做法是：在任意一个文件中定义外部变量 Num，而在另一文件中用 extern 对 Num 进行"外部变量声明"，即"extern Num;"。在编译和链接时，系统由此知道可以从他处找到已定义的外部变量 Num，并将该外部变量 Num 的作用域扩展到本文件，从而在本文件中可以合法地引用外部变量 Num。

【例 6-8】给定 b 的值，输入 a 和 m，求 a*b 和 a^m 的值。

```c
//file1.c
#include <stdio.h>
int a;                                       //定义外部变量
int main(){
    int power(int);                          //函数声明
    int b = 3, c, d, m;
    printf("enter the number a and its power m:\n");
    scanf("%d, %d", &a, &m);
    c = a * b;
    printf("%d*%d=%d\n", a, b, c);
    d = power(m);
    printf("%d**%d = %d\n", a, m, d);
    return 0;
}
//file2.c
extern int a;                                //把 file1.c 中定义的外部变量的作用域扩展到本文件
```

```
int power(int n){
    int i, y = 1;
    for(i = 1; i <= n; i++)
        y *= a;
    return (y);
}
```

应谨慎使用 extern 扩展全局变量的作用域，因为在执行一个文件中的操作时，可能会改变该外部变量的值，会影响到另一文件中外部变量的值，从而影响该文件中函数的执行结果。

6.5 函数的嵌套调用

在定义函数时，一个函数内不能再定义另一个函数，即不能嵌套定义函数；但可以嵌套调用函数，即在调用一个函数的过程中，又调用另一个函数。

【程序 6-5】求最大值

题目描述
输入三个整数 a、b、c，求三个整数中的最大值。
输入
输入三个整数 a、b、c。
输出
输出三个整数中的最大值。
样例输入
1 2 3
样例输出
3
参考程序

```
#include <iostream>
using namespace std;
int max2(int a, int b){
    return a > b ? a : b;
}
int max3(int a, int b, int c){
    return max2(max2(a, b), c);
}
int main(){
    int a, b, c, max;
    cin >> a >> b >> c;
    max = max3(a, b, c);
    cout << max << endl;
    return 0;
}
```

6.6 函数的递归调用

如果一个函数的内部操作（函数体）直接或间接地调用了自身，那么称此函数为递归函数。定义递归函数需要具备以下两个条件。

1）子问题与原问题性质相同，但规模更小。
2）不能无限制地递进调用，最终必须通过出口返回。

递归函数的函数体包含递进和回归两个部分。为避免无限的递进调用，通常先定义回归部分再定义递进部分；若先定义递进部分，则必须通过条件判断控制递进调用。

【程序 6-6】阶乘计算

题目描述

输入一个正整数 n，求 n!。

输入

输入一个正整数 n。

输出

输出 n!。

样例输入

3

样例输出

6

参考程序

```cpp
#include <iostream>
using namespace std;
int fac(int n){
    if (n == 1)
        return 1;
    return fac(n-1) * n;
}
int main(){
    int n;
    cin >> n;
    cout << fac(n) << endl;
    return 0;
}
```

【程序 6-7】汉诺塔

题目描述

汉诺塔（Hanoi Tower）是一个经典的递归问题。它包括三个柱子（通常标记为 A、B、C）和若干个不同大小的圆盘。初始时，所有的圆盘都叠放在柱子 A 上，且按照从大到小的顺序自下而上排列。目标是将所有的圆盘从柱子 A 移动到柱子 C，保持原有顺序不变。每次只能移动一个圆盘，且在任何时候，都不能出现大盘在小盘上面的情况。假定初始时 A 柱上共有 n 个圆盘，请编写程序输出移动圆盘的步骤。

输入

输入一个正整数 n。

输出

输出将 n 个圆盘从 A 柱移到 C 柱的具体步骤。

样例输入

1

样例输出

A->C

参考程序

```cpp
#include <iostream>
using namespace std;
//将 n 个圆盘从 src 借助 medium 移到 dest
void hanoi(int n, char src, char medium, char dest){
    if (n == 1) {
        cout << src << "->" << dest << endl;
        return;
    }
    hanoi(n-1, src, dest, medium);
    cout << src << "->" << dest << endl;
    hanoi(n-1, medium, src, dest);
}
int main(){
    int n;
    cin >> n;
    hanoi(n, 'A', 'B', 'C');
    return 0;
}
```

【程序 6-8】最大公约数

题目描述

输入两个正整数 a、b，求 a、b 的最大公约数。

输入

输入两个正整数 a、b。

输出

输出 a、b 的最大公约数。

样例输入

20 15

样例输出

5

参考程序

```cpp
#include <iostream>
using namespace std;
int gcd(int a, int b){
```

```
        if (b == 0)
            return a;
        return gcd(b, a % b);
    }
    int main(){
        int a, b;
        cin >> a >> b;
        cout << gcd(a, b) << endl;
        return 0;
    }
```

【程序 6-9】构造字符串

题目描述

由 A、B、C 这 3 个字母可以组成许多串，比如："A""AB""ABC""ABA""AACBB"等等。现在小明思考一个问题：输入三个正整数 a、b、c，代表最多可以选择 a 个 A，b 个 B，c 个 C，能组成多少个不同的长度为 n 的字符串呢？

输入

输入三个正整数 a、b、c 和长度 n。

输出

输出能组成多少个不同的长度为 n 的字符串。

样例输入

1 1 1 2

样例输出

6

参考程序

```
#include <iostream>
using namespace std;
int f(int a, int b, int c, int n){
    if (a < 0 || b < 0 || c < 0)
        return 0;
    if (n == 0)
        return 1;
    return f(a - 1, b, c, n - 1) + f(a, b - 1, c, n - 1) + f(a, b, c - 1, n - 1);
}
int main(){
    int a, b, c, n;
    cin >> a >> b >> c >> n;
    cout << f(a, b, c, n) << endl;
    return 0;
}
```

【程序 6-10】走台阶

题目描述

小明面前有 n 级台阶，如果要求同时满足两个约束条件：①每步 1 阶或 2 阶；②必须是偶数步。那么小明从 0 级上到 n 级台阶共有多少种不同的方案？

输入

输入一个正整数 n。

输出

输出同时满足两个条件，从 0 级上到 n 级台阶的不同方案数。

样例输入

39

样例输出

51167078

参考程序

```cpp
#include <iostream>
using namespace std;
int g(int n);          //奇数步上到 n 级台阶
int f(int n);          //偶数步上到 n 级台阶
int main( ){
    int n;
    cin >> n;
    cout << f(n) << endl;
    return 0;
}
int g(int n){
    if(n == 1 || n == 2)
        return 1;
    return f(n - 1) + f(n - 2);
}
int f(int n){
    if (n == 1)
        return 0;
    if (n == 2)
        return 1;
    return g(n - 1) + g(n - 2);
}
```

【程序 6-11】牌型组合

题目描述

小明与其他 3 人玩牌。一副扑克牌（去掉大小王共 52 张）均匀发给 4 个人，每人 13 张。这时小明不禁突然想：如果不考虑花色，只考虑点数，也不考虑自己得到牌的先后顺序，自己手里能拿到的初始牌型组合一共有多少种呢？

输入

无。

输出

不同的初始牌型组合方案数。

样例输入

无

样例输出

3598180

参考程序

```cpp
#include <iostream>
using namespace std;
int ans = 0;
void f(int c, int n){
    if (n > 0 && c < 13)
        for (int i = 0; i <= 4; i++)
            f(c + 1, n - i);
    if (n == 0)
    {
        ans++;
        return;
    }
}
int main( ){
    f(0, 13);
    cout << ans << endl;
    return 0;
}
```

很多不理解递归的人，总认为递归没有必要，完全可以使用栈和循环实现等效功能。其实，递归函数的优势在于化繁为简，通过清晰简洁的两层结构实现复杂的多层调用机制。

但是，递归函数的调用需要保护现场，递归次数过多不仅导致其运行效率低于非递归算法，而且易造成栈溢出。因此，应尽量避免使用递归，除非特别适合应用递归的情形。

6.7 排列与组合

排列是指从给定个数的元素中取出指定个数的元素进行排序，组合则是指从给定个数的元素中仅仅取出指定个数的元素，不考虑排序。排列组合是组合数学的核心概念，同时也是非常重要的程序设计问题。

6.7.1 next_permutation

C++标准模板库（Standard Template Library，STL）主要包含算法（Algorithm）、容器（Container）和迭代器（Iterator）。算法中的 next_permutation 函数可生成 n 个不同元素的 n! 种排列。

1. next_permutation 概念

next_permutation 函数调用会按字典序生成下一个排列，即使有重复元素也会生成所有的排列；生成字典序最大排列后，若再次调用 next_permutation 函数则返回 false。

【例 6-9】 使用 next_permutation 函数，按字典序打印从 1 到 10 的所有整数可能组成的排列。

```
#include <iostream>
#include <algorithm>
using namespace std;
const int N = 10;
int a[N];
int main(){
    for (int i = 0; i < N; i++)
        a[i] = i+1;
    do{
        for ( int i = 0; i < N; i++)
            cout << a[i] << " ";
        cout << endl;
    } while (next_permutation(a, a+N));
    return 0;
}
```

2. next_permutation 思想

对于一个排列 "$a_1, a_2, a_3, \cdots, a_n$"，假设当前该全排列值为 "1, 2, 4, 7, 6, 5, 3"，则其按字典序的下一个排列为 "1, 2, 5, 3, 4, 6, 7"。其求解过程可概括为 "从最后的元素 a_n 开始不断向前查找，直到 $a_{m+1}>a_m$"，分为以下几种情形。

1）若 $a_n>a_{n-1}$，则 $a_1, a_2, a_3, \cdots, a_n, a_{n-1}$ 是按字典序的下一个排列。

2）若 m = 1 时还不满足 $a_{m+1}>a_m$，则 $a_1>a_2>a_3>\cdots>a_n$ 是字典序最大的排列。

3）若 $a_n \leqslant a_{n-1}$ 则继续比较 a_{n-1} 与 a_{n-2}，不断向前直至找到 $a_{m+1}>a_m$ 这样一组数。显然 a_m 后的序列满足 $a_{m+1}>a_{m+2}>\cdots>a_n$，找到 $a_{m+1}\sim a_n$ 中大于 a_m 的最小元素与 a_m 交换，并把交换后的 $a_{m+1}\sim a_n$ 从小到大排序，前 m 项保持不变，便是按字典序的下一个排列。

3. next_permutation 实现

基于以上 next_permutation 思想，可快速实现按字典序求下一排列的方法。

```
bool Next_Permutation(int a[], int n){
    int i, m, temp;
    for (i = n - 2; i >= 0; i--)
        if (a[i+1] > a[i])
            break;
    if (i < 0)
        return false;
    m = i;
    i++;
    for ( ; i < n; i++)
        if (a[i] <= a[m])
        {
            i--;
            break;
        }
```

```
            swap(a[m], a[i]);
            reverse(a+m+1, a+n);
            return true;
        }
```

利用 Next_Permutation 函数，可快速实现一个非递归的生成全排列的方法，且该方法是按照字典序依次得到下一个排列。

```
        void Full_Permutation(int a[], int n){
            sort(a, a+n);
            do{
                for (int i = 0; i < n; i++)
                    cout << a[i] << " ";
                cout << endl;
            }while (Next_Permutation(a, n));
        }
```

【程序 6-12】 第 m 个排列

题目描述

n（n<10）个不同的一位正整数可生成 n!个不同的排列，每一个排列可看成是 n 位整数，故可将排列按从小到大排序。请求出某给定排列后的第 m 个排列。

输入

包括 2 行，第 1 行有两个正整数 n（n<10）和 m，以空格分隔；第 2 行是这 n 个整数的一个排列，用空格分隔。

输出

只有 1 行，代表输入排列后第 m 个排列。

样例输入

5 3
1 2 3 4 5

样例输出

1 2 4 5 3

参考程序

```
        #include <iostream>
        #include <algorithm>
        using namespace std;
        int n, m, a[11];
        int main(){
            cin >> n >> m;
            for (int i = 0; i < n; i++)
                cin >> a[i];
            for (int i = 0; i < m; i++)
                next_permutation(a, a+n);           //求数组 a[0]到 a[n-1] 的下一个排列
            for (int i = 0; i < n; i++)
                cout << a[i] << " ";
            return 0;
        }
```

6.7.2 排列

STL 提供的 next_permutation 函数可方便地生成 n 个不同元素的 n!种排列，但是不便于实现 n 个元素中取 m 个元素的排列。此处另外设计了一种求 n 个不同元素的全排列方法。

【例 6-10】全排列实例。

```
#include <iostream>
using namespace std;
const int N = 10;
int a[N];
void permutation(int c, int n){          //生成 n 个元素的所有全排列
    if (c == n){
        for(int i = 0; i < n; i++)
            cout << a[i] << " ";
        cout << endl;
        return;
    }
    for (int i = c; i < n; i++){
        int t = a[c]; a[c] = a[i]; a[i] = t;
        permutation(c+1, n);
        t = a[c]; a[c] = a[i]; a[i] = t;
    }
}
int main(){
    int i;
    for (i = 0; i < N; i++)
        a[i] = i;
    permutation(0, N);                    //生成 0, 1, … , N-1 的所有排列
    return 0;
}
```

在 permutation 函数定义中再增加一个参数 m，就可以方便地转化为从 n 个元素中取 m 个元素的排列求解方案。

【例 6-11】n 个元素中取 m 个元素的排列实例。

```
#include <iostream>
using namespace std;
const int N = 10;
int a[N];
void permutation(int c, int n, int m){    //生成 n 个元素中取 m 个元素的所有排列
    if (c == m){
        for (int i = 0; i < m; i++)
            cout << a[i] << " ";
        cout << endl;
        return;
    }
    for (int i = c; i < n; i++){
```

```
                int t = a[c]; a[c] = a[i]; a[i] = t;
                permutation(c+1, n, m);
                t = a[c]; a[c] = a[i]; a[i] = t;
            }
    }
    int main(){
        for (int i = 0; i < N; i++)
            a[i] = i;
        permutation(0, 10, 3);              //生成 0~9 中选 3 个的所有排列
        return 0;
    }
```

【程序 6-13】排列输出
题目描述
从 n 个不同元素中任取 m（m≤n）个元素，按照一定的顺序排列起来，叫作从 n 个不同元素中取出 m 个元素的一个排列。现输入 n 个递增的数，请你输出这 n 个数中取出 m 个元素的所有排列，并将所有排列按字典序输出。
输入
输入为两行，第一行为两个整数 n、m，以空格分隔（1≤n≤9，m≤n）；第二行为以空格分隔的 n 个整数 x_i（1≤x_i≤9）。
输出
每一种排列占一行，各元素间用逗号分隔。
样例输入
3 2
1 2 3
样例输出
1,2
1,3
2,1
2,3
3,1
3,2
参考程序

```
#include <iostream>
using namespace std;
const int N = 10;
int a[N], b[N], used[N];
void permutation(int c, int m, int n){
    if (c == m)
    {
        for (int i = 0; i < m; i++)
            if (i != m-1)
                cout << a[b[i]] << ",";
```

```
            else
                cout<< a[b[i]] << endl;
        return;
    }
    for (int i = 0; i < n; i++)
    {
        if (!used[i])
        {
            used[i] = true;
            b[c] = i;
            permutation(c+1, m, n);
            used[i] = false;
        }
    }
}
int main(){
    int n, m;
    cin >> n >> m;
    for (int i = 0; i < n; i++)
        cin >> a[i];
    permutation(0, m, n);
    return 0;
}
```

6.7.3 组合

在上节 n 个元素中取 m 个元素的排列求解方案（无字典序附加条件）基础上，将 m 的含义定义为"还要取 m 个元素"，即可方便地实现 n 个元素中取 m 个元素的组合求解方案。

【例 6-12】组合实例。

```
#include <iostream>
using namespace std;
const int N = 10;
int a[N], used[N];
void comb(int c, int n, int m) {                    //生成组合
    if (m==0){
        for (int i = 0; i < n; i++)
            if (used[i])
                cout << a[i] << " ";
        cout << endl;
        return;
    }
    if (c < n && m > 0){
        comb(c+1, n, m);
        used[c] = 1; comb(c+1, n, m-1); used[c] = 0;
    }
```

```
    }
    int main(){
        for (int i = 0; i < N; i++)
            a[i] = i;
        comb(0, 10, 8);                    //生成0~9中选8个的所有组合
        return 0;
    }
```

【程序 6-14】组合方案

题目描述

已知 n 个整数 $x_1, x_2, \cdots, x_n$，以及一个整数 k（k<n）。从 n 个整数中任选 k 个整数相加，可分别得到一系列的和。例如当 n = 4，k = 3，4 个整数分别为 3, 7, 12, 19 时，可得全部的组合及其和为：3＋7＋12 = 22；3＋7＋19 = 29；7＋12＋19 = 38；3＋12＋19 = 34。请你计算出和为质数的组合共有多少种。本例中只有一种组合的和为质数：3＋7＋19 = 29。

输入

输入为两行，第一行为以空格分隔的两个整数 n, k（1≤n≤20, k<n）；第二行为以空格分隔的 n 个整数 x_i（1≤x_i≤5000000）。

输出

一个整数（满足条件的组合种数）。

样例输入

4 3
3 7 12 19

样例输出

1

参考程序

```
#include <iostream>
#include <cmath>
using namespace std;
const int N = 20;
int a[N], used[N];
int cnt = 0;
bool is_prime(int n){
    int i, k=sqrt(n);
    for (i=2; i <= k; i++ )
        if (n%i == 0)
            break;
    if (n! = 1 && i > k)
        return true;
    else
        return false;
}
void comb(int c, int n, int k){        //生成组合
    if (k==0) {
        int sum = 0;
```

```
            for (int i = 0; i < n; i++)
                if (used[i])
                    sum += a[i];
            if (is_prime(sum))
                cnt++;
            return;
        }
        if (c < n && k > 0){
            comb(c+1, n, k);
            used[c] = 1;
            comb(c+1, n, k-1);
            used[c] = 0;
        }
    }
    int main(){
        int n, k;
        cin >> n >> k;
        for (int i = 0; i < n; i++)
            cin >> a[i];
        comb(0, n, k);
        cout << cnt << endl;
        return 0;
    }
```

6.8 本章实例

【程序 6-15】 本年度第几天

题目描述

输入多个测试用例，每个测试用例为一个日期，输出该日期是所在年的第几天。

输入

输入多个测试用例，每个测试用例为一个日期，每个测试用例占一行。

输出

对每个测试用例输出该日期是所在年的第几天，每个输出占一行。

样例输入

2025 1 29

样例输出

29

参考程序

```
#include <iostream>
using namespace std;
bool IsLeap(int year)
{
    return (year%4 == 0 && year%100 != 0 || year%400 == 0);
```

```
    }
    int GetDay(int year, int month, int day){
        int leap = IsLeap(year);
        int shift[2][13] = {{0,31,28,31,30,31,30,31,31,30,31,30,31},
                            {0,31,29,31,30,31,30,31,31,30,31,30,31}};
        for (int i = 1; i < month; i++)
            day += shift[leap][i];
        return day;
    }
    int main(){
        int year, month, day;
        while (cin >> year >> month >> day)
            cout << GetDay(year, month, day) << endl;
        return 0;
    }
```

【程序 6-16】身份证检验

题目描述

二代身份证由 18 位组成，最后一位为校验位。其计算方法是：前 17 位分别乘以权重 W_i（从左边开始数各位的 W_i 分别为{7, 9, 10, 5, 8, 4, 2, 1, 6, 3, 7, 9, 10, 5, 8, 4, 2, 1}），乘积之和除以 11 取余数，再将余数 0～10 分别转换为{1, 0, X, 9, 8, 7, 6, 5, 4, 3, 2}（即 0 转换为 1，1 转换为 0，2 转换为 X，3 转换为 9，以此类推），即为校验位的值。编写程序，输入一个身份证号，计算其校验位的值，与最后一位比较验证其是否正确，若正确输出"Right"，否则输出"Wrong"。

输入

一个身份证号。

输出

若身份证号正确则输出"Right"，否则输出"Wrong"。

样例输入

410108201410310102

样例输出

Right

参考程序

```
#include <iostream>
using namespace std;
int check(string s){
    int sum = 0, w[20] = {7,9,10,5,8,4,2,1,6,3,7,9,10,5,8,4,2,1};
    char a[15] = "10X98765432";
    for (int i = 0; i < 17; i++)
        sum += (s[i] - '0') * w[i];
    sum %= 11;
    return a[sum] == s[17];
}
int main(){
```

```
        string s;
        cin >> s;
        if (check(s))
            cout << "Right" << endl;
        else
            cout << "Wrong" << endl;
        return 0;
    }
```

【程序 6-17】字符串分割

题目描述

编写 toArray 函数,其函数原型为 int toArray(char *str, char c, int arr[]);将字符串 str 用 c 所指定的分隔符分割并转换为整数后填入整型数组 arr,函数返回值为该数组元素个数。例如将"512,34,288"用","分割的结果是:整型数组中包含 512,34,288 三个元素。编写测试程序,输入字符串,调用 toArray 函数,打印输出其转换结果。

输入

一个由整数与分隔符组成的字符串。

输出

字符串中的多个整数,整数间用空格分隔。

样例输入

12,34,567

样例输出

12 34 567

参考程序

```
        #include <iostream>
        using namespace std;
        int toArray(string str, char c, int arr[]){
            int cnt = 0;
            int len = str.length();
            for(int i = 0; i < len; ) {
                arr[cnt] = 0;
                while(str[i] != c && str[i] != '\0')
                    arr[cnt] = arr[cnt] * 10 + str[i++] - '0';
                i++; cnt++;
            }
            return cnt;
        }
        int main(){
            char c = ',';
            string str;
            cin >> str;
            int arr[20], a, b;
            int cnt = toArray(str, c, arr);
            for(int i = 0; i < cnt; i++)
```

```
            cout << arr[i]<<" ";
        return 0;
}
```

【程序 6-18】字符串求值

题目描述
编写一解码程序 Hex2Dec 把 4 位 16 进制字符串转换为整数，如"FFF8" = −8。

输入
一个 4 位 16 进制字符串，仅包含数字和大写英文字母。

输出
与字符串对应的十进制整数。

样例输入
FFF8

样例输出
−8

参考程序

```cpp
#include <iostream>
using namespace std;
int Hex2Dec(string s){
    int i, sum = 0, flag = 1;
    if(s[0] >= '8' && s[0] <= '9' || s[0] >= 'A' && s[0] <= 'F')
        flag = −1;
    for (i = 0; i < 4; i++) {
        if(s[i] >= '0' && s[i] <= '9')
            sum = sum * 16+s[i] − '0';
        else
            sum = sum * 16 + s[i] − 'A' + 10;
    }
    if (flag == 1)
        return sum;
    else
        return sum − 65536;
}
int main(){
    string s;
    getline(cin, s);
    cout << Hex2Dec(s) << endl;
    return 0;
}
```

【程序 6-19】不同组合数

题目描述
计算从 n 个人中选择 k 个人组成一个委员会的不同组合数。

输入
两个正整数 n、k。

输出

n 个人中选择 k 个人的不同组合数。

样例输入

10 1

样例输出

10

参考程序

```cpp
#include <iostream>
using namespace std;
int com(int n, int k){
    if (n <= 0 || k > n)
        return 0;
    if (k == 0 || k == n)
        return 1;
    return com(n - 1, k) + com(n - 1, k - 1);
}
int main(){
    int n, k;
    cin >> n >> k;
    cout << com(n, k) << endl;
    return 0;
}
```

【程序 6-20】 李白打酒

题目描述

　　大诗人李白一生好饮。一天他提着酒壶从家里出来，酒壶中有酒 2 斗。他边走边唱："无事街上走，提壶去打酒。逢店加一倍，遇花喝一斗。"这一路上，他一共遇到店 5 次，遇到花 10 次，已知最后一次遇到的是花，他正好把酒喝光。若把遇店记为 a，遇花记为 b，则 "babaabbabbabbbbb" 就是一个合理的方案。合理的方案一共有多少呢？

输入

无。

输出

所有合理的不同方案数。

样例输入

无

样例输出

14

参考程序

```cpp
#include <iostream>
using namespace std;
int ans= 0;
//v:当前酒壶中酒量，inn:遇到店的剩余次数，flower:遇到花的剩余次数，path:历史经历
void f(int v, int inn, int flower, string path){
```

```
            if (inn == 0 && flower == 0)
                if (v == 0 && path[path.length() - 1] == 'b')
                {
                    ans++;
                    return;
                }
            if (inn>0)
                f(v*2, inn-1, flower, path + "a");
            if (flower>0)
                f(v - 1, inn, flower - 1, path + "b");
        }
        int main(){
            f(2, 5, 10, "");
            cout << ans << endl;
            return 0;
        }
```

习题

一、选择题

1. C/C++中，函数返回值的类型由（　　）决定。
   A．return 语句中的表达式　　　B．调用函数的主调函数
   C．调用函数时临时确定　　　　D．定义函数时所指定的函数类型

2. 在 C/C++中，定义一个函数时，实参和形参之间的数据传递方式可定义为（　　）形式。
   A．传地址　　　B．传值　　　C．传引用　　　D．三种均可

3. 在 C/C++中（　　）。
   A．函数的定义可以嵌套，但函数的调用不可以嵌套
   B．函数的定义和调用均不可以嵌套
   C．函数的定义不可以嵌套，但是函数的调用可以嵌套
   D．函数的定义和调用均可以嵌套

4. 关于 C/C++中的 return 语句正确的是（　　）。
   A．只能在主函数中出现
   B．在每个函数中都必须出现
   C．可以在一个函数中出现多次
   D．只能在除主函数之外的函数中出现

5. 下列叙述中错误的是（　　）。
   A．主函数中定义的变量在整个程序中都是有效的
   B．在其他函数中定义的变量在主函数中也不能使用
   C．形式参数也是局部变量
   D．复合语句中定义的变量只在该复合语句中有效

6. 若函数的形参为一维数组，则下列说法中正确的是（　　）。

A．调用函数时的对应实参必为数组名
B．形参数组可以不指定大小
C．形参数组的元素个数必须等于实参数组的元素个数
D．形参数组的元素个数必须多于实参数组的元素个数

7．下面叙述中不正确的是（   ）。
   A．实参可以是常量、变量或表达式
   B．形参可以是常量、变量或表达式
   C．函数的参数是函数间传递数据的一种手段
   D．实参个数应与对应的形参个数相等，类型匹配

8．以下错误的描述是（   ）。
   A．函数调用可以出现在执行语句中
   B．函数调用可以出现在一个表达式中
   C．函数调用可以作为一个函数的实参
   D．函数调用可以作为一个函数的形参

9．当调用函数时，实参是一个数组名，则向函数传递的是（   ）。
   A．数组的长度
   B．数组的首地址
   C．数组每一个元素的地址
   D．数组中每个元素的值

10．两个形参中，第一个形参为指针类型、第二个形参为整型，则对函数形参的说明有错误的是（   ）。
   A．(float x[], int n)
   B．(float *x, int n)
   C．(float x[10], int n)
   D．(float x, int n)

11．以下叙述正确的是（   ）。
   A．全局变量的作用域一定比局部变量的作用域范围大
   B．静态类型变量的生存期贯穿于整个程序的运行期间
   C．函数的形参都属于全局变量
   D．未在定义语句中赋值的 auto 变量和 static 变量的初值都是随机值

12．以下说法不正确的是（   ）。
   A．在不同的函数中可以定义相同名字的变量
   B．在一个函数内的复合语句中定义的变量在本函数内有效
   C．在一个函数内定义的变量只能在本函数内有效
   D．函数的形式参数是局部变量

13．以下程序的输出结果是（   ）。

```
#include <iostream>
using namespace std;
int func(int a, int b){
    return (a+b);
```

```
    }
    int main() {
        int x = 6, y = 7, z = 8, r;
        r=func(func(x, y), z--);
        printf("%d\n", r);
        return 0;
    }
```

  A．20   B．31   C．15   D．21

14．以下程序的输出结果是（ ）。

```
#include <iostream>
using namespace std;
double f(int n){
    int i;
    double s = 0;
    for(i = 1;i <= n; i++)
        s += 1/i;
    return s;
}
int main() {
    int i, m = 3;
    float a = 0.0;
    for(i = 0; i <= m; i++)
        a = a + f(i);
    printf("%f\n", a);
    return 0;
}
```

  A．3.000000 B．5.5000000 C．4.000000 D．8.25

15．以下程序的输出结果是（ ）。

```
#include <iostream>
using namespace std;
int f(int a){
    int b = 0;
    static int c = 3;
    a = c++, b++;
    return a;
}
int main() {
    int a, i, t;
    a = 3;
    for(i = 0; i < 3; i++)
        t = f(a++);
    printf("%d\n", t);
    return 0;
}
```

  A．3   B．5   C．4   D．6

16. 以下程序的执行结果是（   ）。

```
#include <iostream>
using namespace std;
long f(int n){
    if (n > 3)
        return (f(n−1) + f(n−2));
    else
        return(3);
}
int main(){
    printf("%d\n", f(4));
    return 0;
}
```

    A. 6   B. 5   C. 7   D. 8

17. 以下程序的执行结果是（   ）。

```
#include <iostream>
using namespace std;
int k=1;
void fun(int m){
    m += k;
    k += m;
    {
        char k = 'B';
        printf("%d,", k−'A');
    }
    printf("%d,%d", m, k);
}
int main(){
    int i = 4;
    fun(i);
    printf("%d,%d", i, k);
    return 0;
}
```

    A. 2,5,64,6   B. 1,5,64,6   C. 1,6,64,6   D. 1,5,63,6

18. 函数调用语句"func((exp1,exp2),(exp3,exp4,exp5));"含有实参的个数为（   ）。

    A. 1   B. 2   C. 4   D. 5

19. 下述程序的输出是（   ）。

```
#include <iostream>
using namespace std;
int fun(int a, int b){
    static int m = 0, i = 2;
    i += m++;
    m = i + a + b;
```

```
        return (m);
    }
    int main(){
        int k = 4, m = 1, p;
        p = fun(k, m);
        printf("%d, ", p);
        p = fun(k, m);
        printf("%d", p);
        return 0;
    }
```

  A．8，8   B．8，16   C．7，14   D．7，7

20．下述程序的输出是（ ）。

```
#include <iostream>
using namespace std;
int d;
void f(int p){
    int d = 0;
    d += p + 5;
    printf( "%d" , d);
}
int main(){
    int c = 5;
    d = 5;
    f(c);
    d += c + 5;
    printf("\t%d", d);
    return 0;
}
```

  A．10　15 B．15　25 C．10　20 D．以上均不对

二、填空题

1．声明局部变量时若缺省了存储类型，则该变量的存储类型是_____。

2．声明局部变量时不能使用的存储类型是_____。

3．定义外部函数的关键字是_____。

4．若某局部变量的值在函数调用结束后仍然需要保留，以便下次调用该函数时继续使用，则可将该局部变量定义为_____类型。

5．可以改变局部变量的生存期、但不能改变它的作用域的存储类别是_____。

6．若一个函数不需要形参，则定义该函数时应使形参列表为空或放置一个_____。

7．一个 C/C++程序在运行时，如果没有发生任何异常情况，则只有在执行了_____函数的最后一条语句或该函数中的 return 语句后，程序才会终止运行。

8．下面程序的执行结果是_____。

```
#include <iostream>
using namespace std;
int d = 1;
```

```
fun(int p){
    int d = 5;
    d += p++;
    printf("%d", d);
}
int main(){
    int a = 3;
    fun(a);
    d += a++;
    printf("%d", d);
    return 0;
}
```

9. 读程序写结果。

```
#include <iostream>
using namespace std;
void fun1(){
    int n = 120;
    printf("fun1: n = %d\n", n);
    n = 90;
    printf("fun1: n = %d\n", n);
}
void fun2(){
    int n = 60;
    printf("fun2: n = %d\n", n);
    fun1();              //调用 fun1()
    printf("fun2: n = %d\n", n);
}
int main(){
    fun2();
    return 0;
}
```

运行结果：

_____
_____
_____
_____

10. 读程序写结果。

```
#include <iostream>
using namespace std;
int n = 10;          //全局变量
void fun1(){
    int n = 20;      //局部变量
    printf("fun1:n=%d\n", n);
}
```

```
    void fun2(int n){
        printf("fun2:n=%d\n", n);
    }
    void fun3(){
        printf("fun3:n=%d\n", n);
    }
    int main(){
        int n = 30;      //局部变量
        fun1();
        fun2(n);
        fun3();
        printf("main:n=%d\n", n);
        return 0;
    }
```

运行结果：

    _____
    _____
    _____
    _____

三、编程题

1. 数位函数

题目描述

在程序中定义一个函数 digit(n, k)，它能分离出整数 n 从右边数第 k 个数字（$n \leq 10^9$，$k \leq 10$）。

输入

正整数 n 和 k。

输出

一个数字。

样例输入

31859 3

样例输出

8

2. 质数排位

题目描述

已知质数序列为 2、3、5、7、11、13、17、19、23、29、…，即质数序列的第一个数是 2，第二个数是 3，第三个数是 5，以此类推。那么，对于输入的一个任意整数 N，若 N 是质数则输出其排位；若不是则输出 0。

输入

正整数 N。

输出

正整数 N 在质数序列中的排位。

样例输入

13

样例输出

6

3．数位排位

题目描述

小明对一个数的数位之和很感兴趣，今天他要按照数位之和进行排序。当两个数各个数位之和不同时，将数位和较小的排在前面，当数位之和相等时，将数值小的排在前面。

例如，2022 排在 409 前面，因为 2022 的数位之和是 6，小于 409 的数位之和 13。又如，6 排在 2022 前面，因为它们的数位之和相同，而 6 小于 2022。

给定正整数 n、m，请问对 1~n 采用这种方法排序时，排在第 m 个的元素是多少？

输入

输入的第一行包含一个正整数 n，第二行包含一个正整数 m。

输出

输出一行包含一个整数，表示答案。

样例输入

13
5

样例输出

3

样例说明

1 到 13 的排序为：1，10，2，11，3，12，4，13，5，6，7，8，9。第 5 个数为 3。

评测用例规模与约定

对于 30%的评测用例，1≤m≤n≤300。

对于 50%的评测用例，1≤m≤n≤1000。

对于所有评测用例，1≤m≤n≤10^6。

4．多个数的最小公倍数

题目描述

两个整数有最小公倍数，N 个数也有最小公倍数。例如，5、7、15 的最小公倍数是 105。输入 N 个数，请计算它们的最小公倍数。

输入

正整数 N（2≤N≤20），再输入 N 个正整数。此处保证最终结果在整数范围内。

输出

N 个正整数的最小公倍数。

样例输入

5 1 2 3 4 5

样例输出

60

5．最长单词

题目描述

输入一个英文句子，长度不超过 200 个字符。其中可包含的符号有逗号","空格和句号"."。输出该句子中最长的一个单词。如果有多个这样的单词，输出最后出现的单词。

输入

输入一个句子，其中符号"."不代表句子结束，如人名中可含有".",按下〈Enter〉键代表句子结束。

输出

输出该英文句中最长的单词。

样例输入

Good morning.

Have a nice day.

样例输出

morning

nice

6. 五位以内的对称质数

题目描述

判断一个数是否为对称（该数逆序与原数相同）且不大于五位数的质数。

输入

输入数据含有不多于 50 个的正整数。

输出

对于每个正整数，若该数是不大于五位数的对称质数则输出"Yes"，否则输出"No"。每个判断结果单独占一行。

样例输入

11 101 272

样例输出

Yes

Yes

No

7. f(x, n)计算

题目描述

已知 $f(x,n) = \sqrt{n + \sqrt{(n-1) + \sqrt{(n-2) + \sqrt{\cdots + 2 + \sqrt{1+x}}}}}$。计算 f(x, n)的值。

输入

浮点数 x 和正整数 n。

输出

函数值，保留两位小数。

样例输入

4.2 10

样例输出

3.68

8. 全排列 I

题目描述

给定 N 个不含重复数字的正整数，按字典序输出其所有可能的全排列。

输入

输入一个正整数 N（1<N<10），和 N 个正整数。

输出

按字典序输出该 N 个正整数的所有全排列，每个排列单独占一行。

样例输入

3
1 2 3

样例输出

1 2 3
1 3 2
2 1 3
2 3 1
3 1 2
3 2 1

9. 全排列 II

题目描述

给定 N 个不含重复数字的正整数，按字典序输出其中选 M（M≤N）个数的所有可能的全排列。

输入

输入两个正整数 N（1<N<10）、M（M≤N），和 N 个正整数。

输出

按字典序输出该 N 个正整数中选 M 个数的所有全排列，每个排列单独占一行。

样例输入

3 2
1 2 3

样例输出

1 2
1 3
2 1
2 3
3 1
3 2

10. 组合

题目描述

给定 N 个不含重复数字的正整数，按字典序输出其中选 M（M≤N）个数的所有组合。

输入

输入两个正整数 N（1<N<10）、M（M≤N），和 N 个正整数。

输出

按字典序输出该 N 个正整数中选 M 个数的所有组合，每个组合中的数字递增输出，且每个组合单独占一行。

样例输入

3 2
1 2 3

样例输出

1 2
1 3
2 3

第 7 章 指 针

所谓指针，就是内存地址；所谓指针变量，也就是其值为内存地址的变量。不同类型的变量占用不同长度的存储空间，而不同类型的指针变量占用相同长度的存储单元。指针可赋予不同的地址，通过指针可以间接操作其指向的变量。在 C/C++中，指针变量存储的是其所指向对象的首地址，指向的对象可以是变量、数组、结构体等占据存储空间的实体。

7.1 定义与引用指针

程序运行时，每个变量都存储在从某个内存地址开始的若干字节中。所谓"指针"，也称作"指针变量"，其存储内容是它所指向对象的首地址。

指针变量的定义方法与普通变量基本相同，唯一的区别是必须在变量前加上一个"*"，表示该变量为指针变量。定义指针变量的一般格式如下。

> 类型 *指针变量名;

例如：

> int a = 1;　　//①：定义一个整型变量 a，赋初值为 1
> int *p;　　　//②：定义一个整型指针变量 p
> p = &a;　　　//③：p 指向整型变量 a
> *p = 3;　　　//④：将 p 所指向的变量赋值为 3，即将 a 赋值为 3

访问变量包括直接访问和间接访问两种方式，语句①是变量的直接访问方式，语句④是变量的间接访问方式。注意，使用间接访问方式时，指针必须已经被赋值，即有确定的指向。

语句②定义了一个指针变量 p，其类型是"int *"。而表达式"*p"的类型是整型，此处"*"称作"间接引用运算符"，通过表达式"*p"就可以读写从地址 p 开始的 sizeof(int) 个字节，即一个整型数据的存储空间。

语句③是将整型变量 a 的首地址赋给指针 p，也就是让指针 p 指向变量 a。此处符号"&"是一个单目运算符，表示"取地址运算"，功能是取得操作数的地址。此后表达式"*p"与"a"等价，通过"*p"就能读取或修改变量 a 的值。如语句④"*p=3;"与"a=3;"等价。语句②和③可合并写为"int *p=&a;"，即在定义指针时赋初值。若在定义指针时无法确定其指向，可将其赋初值 NULL，即不指向任何对象。

对于类型为 T 的变量 x，表达式"&x"代表变量 x 的地址，其类型是"T *"。注意，无论 T 表示何种类型，sizeof(T *)取相同值（32 位系统为 4 个字节，64 位系统为 8 个字节）。也就是说，所有指针的本质均是地址，不论其指向何种数据类型，均占用相同大小的空间。

【程序 7-1】 有序输出

题目描述

用指针编写一个程序,输入 3 个整数,将它们按由小到大的顺序输出。

输入

输入以空格分隔的 3 个整数。

输出

将 3 个整数按从小到大的顺序输出。

样例输入

3 2 1

样例输出

1 2 3

参考程序

```cpp
#include <iostream>
using namespace std;
void swap(int *pa, int *pb){
    int temp;
    temp = *pa;
    *pa = *pb;
    *pb = temp;
}
int main(){
    int a, b, c, temp;
    cin >> a >> b >> c;
    if (a>b)
        swap(&a, &b);
    if (a>c)
        swap(&a, &c);
    if (b>c)
        swap(&b, &c);
    cout << a << " " << b << " " << c;
    return 0;
}
```

7.2 指针与一维数组

7.2.1 指针指向数组元素

一个数组的名字实际上就是一个指针,该指针指向这个数组存储的起始地址。如果定义如下数组:

```cpp
int a[10];
```

那么标识符"a"的类型就是 int *,可以用 a 给一个 int * 类型的指针变量赋值。不过，数组名 a 代表数组的首地址，其值是编译时已确定的常量，不允许对 a 赋值。

【程序 7-2】 数组元素交换

题目描述
编写一个使用指针的函数，交换数组 a 和数组 b 中的对应元素。

输入
输入包括三行，第一行为一个正整数 n，第二行为数组 a 的 n 个元素（以空格分隔），第三行为数组 b 的 n 个元素（以空格分隔）。

输出
将数组 a 和数组 b 中对应的 n 个元素交换后，输出两行，第一行为数组 a 的 n 个元素（以空格分隔），第二行为数组 b 的 n 个元素。

样例输入
```
5
1 2 3 4 5
6 7 8 9 10
```

样例输出
```
6 7 8 9 10
1 2 3 4 5
```

参考程序
```cpp
#include <iostream>
using namespace std;
const int N = 100;
void exchange(int *a, int *b, int n){
    int tmp;
    for (int i = 0; i < n; i++){
        tmp = a[i];
        a[i]=b[i];
        b[i]=tmp;
    }
}
int main(){
    int x[N], y[N];
    int n;
    cin >> n;
    for (int i = 0; i < n; i++)
        cin >> x[i];
    for (int i = 0; i < n; i++)
        cin >> y[i];
    exchange(x, y, n);
    for (int i = 0; i < n; i++)
        cout << x[i] << " ";
    cout << endl;
    for (int i = 0; i < n; i++)
        cout << y[i] << " ";
```

```
        cout << endl;
        return 0;
    }
```

7.2.2 指针的运算

在使用指针方式引用数组元素时，通常会进行指针的算术运算。指针变量可以进行以下算术运算。

1）同类型的指针之间可以比较大小。
2）同类型的指针可以相减。
3）指针变量可以加减整型变量或常量。
4）指针变量可以自增、自减。

如果 p1、p2 是两个同类型的指针，那么当"地址 p1<地址 p2"时表达式"p1<p2"为真，反之为假。p1>p2、p1==p2 含义同理可得。

如果 p1 和 p2 是两个 T *类型的指针，那么表达式"p2−p1"表示在地址 p1 和 p2 之间能够存放多少个 T 类型的变量。即 p2−p1=(地址 p2−地址 p1)/sizeof(T)。

如果 p 是一个"T *"类型的指针，而 n 是一个整型变量或常量，那么表达式"p+n"就是一个类型为 T *的指针，该指针指向的地址是：p+n*sizeof(T)；表达式"p−n"也是一个类型为 T * 的指针，该指针指向的地址是：p−n*sizeof(T)。同理类推，"p++"代表将指针 p 向后移动 sizeof(T)个字节，"p−−"代表将指针 p 向前移动 sizeof(T)个字节。

【程序 7-3】字符计数

题目描述

编写一个使用指针的程序，输入一个字符串，找出其中的大写字母、小写字母、空格、数字及其他字符的个数。

输入

输入一个字符串。

输出

输出该字符串中大写字母、小写字母、空格、数字及其他字符的个数。

样例输入

Abc   1234,.-+

样例输出

1 2 3 4 5

参考程序

```
#include <iostream>
using namespace std;
int main(){
    int a = 0, b = 0, c = 0, d = 0, e = 0;
    char *p, s[100];
    cin.getline(s, 100);
    p=s;
    while (*p != 0){
        if (*p >= 'A' && *p <= 'Z')
```

```
            a++;
        else if (*p >= 'a' && *p <= 'z')
            b++;
        else if (*p == ' ')
            c++;
        else if (*p >= '0' && *p<='9')
            d++;
        else
            e++;
        p++;
    }
    cout << a << " " << b << " " << c << " " << d << " " <<e;
    return 0;
}
```

7.2.3 指针变量作为函数参数

数组、动态分配的内存等均是系列数据的集合，无法将其通过一个基本数据类型参数全部传入函数内部。此时可以将该系列数据的起始地址作为实参，将该实参传递给函数定义中的指针变量形参，然后在函数内部通过指针运算符与指针变量访问该系列数据。

有时对于整数、小数、字符等基本类型数据的操作也必须借助指针，一个典型的例子就是交换两个变量的值，该示例已在"6.2.2 参数的传递"一节中给出细致阐述。该示例使用指针变量作为函数形参，以接收发生函数调用时从函数外部传入的实参地址，从而可在函数内部以指针方式间接访问函数外部的数据，这些数据不会随着函数调用的结束而被销毁。

【程序 7-4】数组元素逆置

题目描述

编写一个使用指针作为形参的函数，实现数组元素的逆置。

输入

输入两行，第一行为一个正整数 n，第二行为 a 数组的 n 个元素，以空格分隔。

输出

将 a 数组元素逆置后输出，元素间以空格分隔。

样例输入

5
5 4 3 2 1

样例输出

1 2 3 4 5

参考程序

```
#include <iostream>
using namespace std;
const int N = 100;
void inverse(int *x, int n);
int main(){
    int n, a[N];
    cin >> n;
```

```
            for (int i = 0; i < n; i++)
                cin >> a[i];
            inverse(a, n);
            for (int i = 0; i < n; i++)
                cout << a[i] << " ";
            return 0;
        }
        void inverse(int *x, int n){
            int *i, *j, t;
            i = x;
            j = x + n - 1;
            for (; i < j; i++, j--)
                t = *i, *i = *j, *j = t;
        }
```

7.3 指针与字符串

字符串常量的类型是"char *"，字符数组名的类型当然也是"char *"。因此可以用一个字符串或一个字符数组名，给一个"char *"类型的指针变量赋值。

【程序 7-5】 字符串比较

题目描述

编写一个 StrCmp 函数实现两个字符串的比较。函数原型为：int StrCmp(char *p1, char *p2)

设置 p1 指向字符串 s1，p2 指向字符串 s2。要求：当 s1 等于 s2 时返回值为 0；当 s1 不等于 s2 时返回它们两者的第一个不同字符的 ASCII 码差值（如"boy"与"bad"，第二个字母不同，'o'与'a'之差为 79-65=14）；如果 s1>s2 则输出正值，如果 s1<s2 则输出负值。

输入

输入两行，每行一个字符串。

输出

两个字符串第一个不同字符的 ASCII 码差值。

样例输入

boy
bad

样例输出

14

参考程序

```
#include <iostream>
using namespace std;
int StrCmp(char *p1, char *p2);
int main(){
    int m;
    char str1[20], str2[10], *p1, *p2;
    scanf("%s", str1);
```

```
            scanf("%s", str2);
            p1 = &str1[0];
            p2 = &str2[0];
            m = StrCmp(p1, p2);
            cout << m;
            return 0;
        }
        int StrCmp(char *p1, char *p2){
            int i=0;
            while (*(p1+i) != '\0' && *(p1+i)==*(p2+i))
                i++;
            if (*(p1 + i) == '\0' && *(p2 + i) == '\0')
                return 0;
            return *(p1 + i) - *(p2 + i);
        }
```

【程序 7-6】字符串复制

题目描述
使用指针方式编写字符串复制函数 void StrCpy(char* s1, char* s2)。

输入
输入包括两行，分别为字符串 s1 和 s2。

输出
将 s2 赋值给 s1 后，分两行输出 s1 和 s2。

样例输入
world cup!
good luck!

样例输出
good luck!
good luck!

参考程序

```
        #include <iostream>
        using namespace std;
        void StrCpy(char* s1, char* s2){
            while (*s2 != '\0')
                *s1++ = *s2++;
            *s1= '\0';
        }
        int main(){
            char s1[100], s2[100];
            cin.getline(s1, 100);
            cin.getline(s2, 100);
            StrCpy(s1, s2);
            cout << s1 << endl;
            cout << s2 << endl;
            return 0;
        }
```

【程序 7-7】字符串连接

题目描述
用指针方式编写字符串连接函数 char *StrCat(char *dest, char *src)。

输入
输入包括两行,分别为字符串 s1 和 s2。

输出
把字符串 s2 复制到字符串 s1 后面(删除 s1 原来末尾的"\0"),分两行输出 s1 和 s2。

样例输入
world cup!
good luck!

样例输出
world cup!good luck!
good luck!

参考程序

```cpp
#include <iostream>
using namespace std;
char *StrCat(char *dest, char *src){
    char *pdest = dest;
    while(*dest)
        dest++;
    while((*dest = *src) != '\0'){
        dest++;
        src++;
    }
    return pdest;
}

int main(){
    char s1[200], s2[100];
    cin.getline(s1, 100);
    cin.getline(s2, 100);
    StrCat(s1, s2);
    cout << s1 << endl;
    cout << s2 << endl;
    return 0;
}
```

【程序 7-8】字符串插入

题目描述
编写函数 void insert(char* s1, char* s2, char* s, int n),用指针实现在字符串 s1 中的指定位置 n 处插入字符串 s2。

输入
输入包括三行,前两行分别为字符串 s1 和 s2,第三行为一非负整数 n。

输出

在 s1 的指定位置 n 处插入 s2 得到的字符串。

样例输入

abc
def
0

样例输出

defabc

参考程序

```cpp
#include <iostream>
using namespace std;
void insert(char* s1, char* s2, char* s, int n){
    for (int i = 0; i < n; i++)
        *s++ = *s1++;
    while (*s2 != '\0')
        *s++ = *s2++;
    while (*s1 != '\0')
        *s++ = *s1++;
    *s = '\0';
}
int main(){
    char s1[100], s2[100], s[200];
    cin.getline(s1, 100);
    cin.getline(s2, 100);
    int n;
    cin >> n;
    insert(s1, s2, s, n);
    cout << s << endl;
    return 0;
}
```

【程序 7-9】账单统计

题目描述

每到月末，小明就会统计本月支出账单，请编程帮助他完成任务。

输入

第一行是整数 n（n<100）。然后是 n 行的账单信息，每一行由事物的名字 name 和对应的花费 c 组成，长度不超过 200 个字符。中间会有一个或多个空格，而每一行的开头和结尾没有空格。0.0<c<1000.0。

输出

输出总的花费，小数点后保留一位数字。

样例输入

3

Apple 20.3
Buy clothes for girl friend 260.5
Go to cinema 30

样例输出

310.8

参考程序

```
#include <iostream>
using namespace std;
int main()
{
    int i, n;
    double f, sum = 0;
    string str;
    char *p;
    cin >> n;
    getchar();                              //获取整数后面的回车符
    for(i = 0; i < n; i++)
    {
        getline(cin, str);
        p = &str[str.find_last_of(" ")];    //从后向前查找空格
        p++;                                //指向空格后的数字
        sscanf(p, "%lf", &f);               //将字符串 p 转换为实数
        sum = sum + f;
    }
    cout << sum << endl;
    return 0;
}
```

说明：

1）语句"sscanf(p, "%lf", &f);"实现的功能是从字符串 p 中格式化输入一个实数给变量 f。

2）语句"sprintf(str, "%d", n);"实现的功能是把一个整型数据 n 格式化输出到字符串 str 中。

7.4 指针数组与多重指针

7.4.1 指向指针的指针

若一个指针变量存放的是另一个指针变量的地址，则称这个指针变量为指向指针的指针变量。定义指向指针的指针变量的一般格式如下。

类型 **指针变量名;

例如：

int **p;

语句"int **p;"定义了一个指针变量 p，p 的类型是"int **"。在此情况下，通常称 p 为"指针的指针"，因为 p 指向的是类型为"int *"的指针。同理，"int ***p;"也是指针变量，无论中间有多少个"*"均是合法定义。注意，不论 p 是几级指针变量，均占用相同容量的内存空间。

7.4.2 指针数组

一个数组的各个元素均为相同类型指针，则称该数组为指针数组。也就是说，指针数组中的每一个元素都是指针变量。定义指针数组的一般格式如下。

> 类型 *数组名[常量表达式];

例如：

> char *s[10];

因为运算符"[]"的优先级高于运算符"*"，所以上述定义也可写成"char *(s[10]);"，即"s"先和"[10]"结合，形成"s[10]"为一个数组格式形式，共有 10 个元素；然后再和"s"前面的"*"结合表示指针类型，即每个数组元素均为一个指向字符数据的指针变量。

【程序 7-10】字符串排序

题目描述

编写程序，用指针数组在主函数中输入 n（n<10）个等长（长度<10）的字符串。用另一个函数对它们排序，然后在主函数中输出 n 个已排好序的字符串。

输入

第一行为 1 个正整数 n（n<10），然后是 n 行，每行一个字符串。

输出

排序后的字符串，每个字符串单独占一行。

样例输入

3
hij
def
abc

样例输出

abc
def
hij

参考程序

```
#include <iostream>
#include <cstring>
using namespace std;
void sort(char *[], int n);
int main(){
    int n;
    cin >> n;
```

```
            char str[10][10], *p[10];
            for (int i=0; i<n; i++)
                p[i]=str[i];              //将第 i 个字符串的首地址赋给指针数组 p 的第 i 个元素
            for (int i=0; i<n; i++)
                scanf("%s", p[i]);
            sort(p, n);
            for (int i=0; i<n; i++)
                printf("%s\n", p[i]);
            return 0;
        }
        void sort(char *s[], int n){
            char *temp;
            int i, j;
            for (i=0; i<n-1; i++)
                for (j=0; j<n-1-i; j++)
                    if (strcmp(*(s+j), *(s+j+1))>0)
                        temp=*(s+j), *(s+j)=*(s+j+1), *(s+j+1)=temp;
        }
```

7.4.3 带参数的 main 函数

指针数组的一个重要应用是用作 main 函数的形参，此时 main()函数中允许带 2 个参数，一个为整型参数 argc，另一个是指向字符类型的指针数组 argv[]。定义带参数的 main 函数的一般格式如下。

```
int main(int argc, char *argv[])
```

其中 argc 和 argv 是 main 函数的形参，它们是程序的命令行参数：argc 代表参数个数，argv 代表参数向量。这两个参数可以用任何合法的标识符命名，但是习惯使用 argc 和 argv。

在调用带参数的 main()函数时加上参数即可，就如同使用 DOS 命令一样。main 函数由操作系统调用，在操作命令状态下，实参由执行文件时的命令给出。若在源文件 file1.cpp 中定义带参数的 main 函数，具体代码如下所示。

```
#include <iostream>
using namespace std;
int main(int argc,char *argv[]){
    for (int i=0; i<argc; i++)
        cout << *(argv+i) <<endl;
    return 0;
}
```

将 file1.cpp 生成可执行文件后，若在命令状态下输入如下操作命令：

```
file1 abcde zz
```

则运行结果如下：

```
file1
```

```
    abcde
    zz
```

7.4.4 指向数组的指针

指向数组的指针是一个指针,该指针指向一个数组。定义指向数组的指针的一般格式如下。

```
类型 (*数组名)[常量表达式];
```

例如:

```
int (*a)[10];
```

因为*a 处于小括号内,所以 a 先和*结合,即 a 为一个指针;然后再和后面的[10]结合,即 a 为一个指向一维数组的指针变量,该一维数组的长度为 10。

【**程序 7-11**】矩阵转置

题目描述

编写一个包含指向数组的指针参数的函数,将 3×3 矩阵转置。

输入

输入一个 3×3 矩阵。

输出

将该矩阵转置后输出。

样例输入

1 2 3
4 5 6
7 8 9

样例输出

1 4 7
2 5 8
3 6 9

参考程序

```cpp
#include <iostream>
using namespace std;
void trans(int (*matrix)[3]);
int main(){
    int a[3][3];
    for (int i = 0; i < 3; ++i)
        for (int j = 0; j < 3; ++j)
            cin >> a[i][j];
    trans(a);
    for (int i =0; i < 3; ++i){
        for (int j=0; j<3; ++j)
            cout << a[i][j] << " ";
        cout << endl;
```

```
            }
            return 0;
        }
        void trans(int (*matrix)[3]){
            int temp;
            int i, j;
            for (i=1; i<3; i++)
                for (j=0; j<i; j++){
                    temp = *(*(matrix +j)+i);
                    *(*(matrix+j)+i) = *(*(matrix+i)+j);
                    *(*(matrix+i)+j) = temp;
                }
        }
```

【程序 7-12】不及格名单

题目描述

有一个班级，共 n 名学生，各学 m 门课程，请找出存在不及格课程的学生，并输出其全部成绩。

输入

第一行为两个正整数 n（n<10）和 m（m<10）。然后是 n 行，第 i 行为第 i 名学生的 m 门课程的成绩，各门课程成绩用空格隔开。

输出

存在不及格课程的学生的 m 门课程成绩，每名学生占一行，成绩用空格分隔。

样例输入

3 4
65 57 70 60
58 87 90 81
90 99 90 98

样例输出

1:65 57 70 60
2:58 87 90 81

参考程序

```
#include <iostream>
using namespace std;
const int N=10;
const int M=10;
void search(float (*p)[M], int n, int m);        //声明函数
int main(){
    int n, m;
    cin >> n >> m;
    float score[N][M];
    for (int i = 0; i < n; ++i)
        for (int j = 0; j < m; ++j)
            cin >> score[i][j];
```

```
        search(score, n, m);              //调用 search 函数
        return 0;
    }
    void search(float (*p)[M], int n, int m){    //p 是指向包含 4 个 float 型元素的一维数组的指针
        int i, j, flag;
        for(i=0; i<n; i++) {
            flag=0;
            for(j=0; j<m; j++)
                if(*(*(p+i)+j)<60){          //*(*(p+i)+j)与 score[i][j]等价
                    flag = 1;
                    break;
                }
            if(flag == 1){
                cout << i+1 <<":";
                for(j = 0; j < m; j++)
                    cout << *(*(p+i)+j) << " ";
                cout << endl;
            }
        }
    }
```

7.5 指针与函数

7.5.1 返回指针的函数

在 C/C++语言中允许一个函数的返回值是一个指针（即地址），这种返回指针的函数称为指针型函数。定义指针型函数的一般格式如下。

```
类型 *函数名(形参表)
{
    ...       /*函数体*/
}
```

其中函数名之前加"*"表明该函数是一个指针型函数，即函数的返回值是一个指针，类型表示该指针所指向的数据类型。

【程序 7-13】成绩查询

题目描述

有 m 个学生，每个学生有 n 门课程的成绩（0<m, n<10）。要求在用户输入学生序号以后，能输出该学生的全部成绩。用返回指针的函数来实现。

输入

第一行输入三个正整数 m、n、k；然后 m 行，每行为一名学生的 n 门课程成绩（以空格分隔）。

输出

输出序号为 k 的学生的 n 门课程成绩。

样例输入
3 4 2
60 70 80 90
56 89 67 88
34 78 90 66
样例输出
56 89 67 88
参考程序

```cpp
#include <iostream>
using namespace std;
const int M=10, N=10;
float *search(float (*p)[N], int n);          //函数声明
int main(){
    int m, n, k;
    float score[M][N];
    cin >> m >> n >> k;
    for (int i = 0; i < m; ++i)
        for (int j = 0; j < n; ++j)
            cin >> score[i][j];
    float *p;
    p = search(score, k);                     //调用 search 函数，返回 score[k][0]的地址
    for(int i = 0;i < n; ++i)
        cout << *(p+i) << " ";                //输出 score[k-1][0]～score[k-1][n-1]的值
    cout << endl;
    return 0;
}
float *search(float (*p)[N], int k){
    return *(p+k-1);
}
```

7.5.2 指向函数的指针

指向函数的指针是一个指针变量，该指针指向一个函数。C/C++程序在编译时会将每个函数的源码转换为可执行代码，并为每个函数分配一段存储空间。因此每一个函数均有一个入口地址，当调用该函数时程序便转入该函数的入口地址开始执行。函数拥有地址属性，因此可定义一个指针指向某一函数。定义指向函数的指针变量的一般格式如下：

　　类型 (*指针变量名)();

说明：

1）定义指向函数的指针变量，并不意味着这个指针变量可以指向任何函数，它只能指向在定义函数指针时规定形式的函数。

2）将指针指向某函数后，既可以通过函数名调用该函数，也可以通过指向该函数的指针调用该函数。

3）用函数指针变量调用函数时，只需将"(*指针变量名)"代替函数名，然后在"(*指针变量名)"之后的小括弧中根据需要写上实参。

4）对于指向函数的指针变量，"++""--""+n"之类的指针运算不再有意义。

5）用函数名调用函数只能调用指定的一个函数，而通过函数指针调用函数比较灵活，可根据需要先后指向不同的函数并加以调用，在给函数指针变量赋值时仅需给出函数名而不必给出参数，但这些函数必须与该指针变量具有相同的形式。

【程序 7-14】 最大值与最小值

题目描述

使用指向函数的指针，实现求两个正整数中的最大值与最小值。

输入

输入 2 个整数。

输出

输出最大值和最小值。

样例输入

1 2

样例输出

2
1

参考程序

```
#include <iostream>
using namespace std;
int max(int a, int b);
int min(int a, int b);
int main(){
    int a, b;
    cin >> a >> b;
    int (*p)(int, int);         //定义一个指向函数的指针
    p = max;                    //将函数 max 的地址赋给函数指针 p
    cout << (*p)(a, b) <<endl;  //通过函数指针 p 调用函数 max
    p = min;                    //将函数 max 的地址赋给函数指针 p
    cout << (*p)(a, b) <<endl;  //通过函数指针 p 调用函数 min
    return 0;
}
int max(int a, int b){
    return a>=b?a:b;
}
int min(int a, int b){
    return a<b?a:b;
}
```

7.6　动态内存分配

全局变量是分配在内存中的静态存储区的，非静态的局部变量(包括形参)是分配在内

存中的动态存储区的，这个存储区是一个称为栈（stack）的区域。

此外，C 语言还允许建立内存动态分配区域，以存放一些临时用的数据，这些数据不必在程序的声明部分定义，也不必等到函数结束时才释放，而是需要时随时开辟，不需要时随时释放。这些数据临时存放在一个特别的自由存储区，这个存储区称为堆（heap）。可以根据需要，向系统申请所需大小的空间。由于未在声明部分定义它们为变量或数组，因此不能通过变量名或数组名引用这些数据，只能通过指针来引用。

7.6.1 C 语言中的动态内存分配

1. malloc 函数

malloc 的全称是 "memory allocation"，即动态内存分配，用于申请一块连续的指定大小的内存块区域。其函数原型为：

```
void* malloc(unsigned int size);
```

其功能是在内存的动态存储区中分配一个长度为 size 的连续空间。形参 size 的类型定为无符号整型（不允许为负数）。此函数的值（即"返回值"）是所分配区域的第一个字节的地址，或者说，此函数是一个指针型函数，返回的指针指向该分配区域的第一个字节。如：

```
malloc(100);            //开辟 100 字节的临时分配区域，函数值为其第 1 个字节的地址
```

指针的基类型为"void"，即不指向任何类型的数据，只提供一个纯地址。如果此函数未能成功地执行（例如内存空间不足），则返回空指针（NULL）。

2. calloc 函数

calloc 的全称是 "clear allocation"，是动态内存分配的另一种方式，其函数原型为：

```
void* calloc(unsigned int num, unsigned int size);
```

其功能是在内存的动态存储区中分配 num 个长度为 size 的连续空间，函数返回一个指向分配起始地址的指针；如果分配不成功，则返回 NULL。如：

```
p=calloc(50, 4);        //开辟 50×4 个字节的临时分配区域，把首地址赋给指针变量 p
```

与 malloc 不同的是，calloc 在动态分配完内存后，自动初始化该内存空间为零，而 malloc 不做初始化，分配的空间中的数据是随机数据。

3. realloc 函数

如果已经通过 malloc 函数或 calloc 函数获得了动态空间，想改变其大小，可以用 realloc 函数重新分配。其函数原型为：

```
void* realloc(void *p,unsigned int size);
```

其功能是将 p 所指向的动态空间的大小改变为 size。如果新的内存块与原内存块相邻，并且可以扩展，那么 p 的值不变；否则，realloc 会在内存中找到一个足够大的新位置并将数据复制过去，此时 p 的值会改变。如果重分配不成功，则返回 NULL。如：

```
realloc(p, 50);         //将 p 所指向的已分配的动态空间改为 50 字节
```

4. free 函数

free()是 C 语言中释放内存空间的函数，通常与申请内存空间的函数 malloc()结合

使用，可以释放由 malloc()、calloc()、realloc() 等函数申请的内存空间。free()的函数原型为：

  void free(void *p);

其功能是释放指针变量 p 所指向的动态空间，使这部分空间能重新被其他变量使用。p 应是最近一次调用 calloc 或 malloc 函数时得到的函数返回值。

注意：

以上函数的声明在 stdlib.h 头文件中，在用到这些函数时应当用"#include <stdlib.h>"指令把 stdlib.h 头文件包含到程序文件中。

7.6.2　C++中的动态内存分配

  C++提供了一种"动态内存分配"的机制，使得程序可以在运行期间，根据实际需要，要求系统临时分配一片内存空间用于存放数据。这种内存分配是在程序运行中进行的，而不是在编译时就确定的，因此称为"动态内存分配"。

1．分配单个元素空间

在 C++中，通过 new 运算符来实现动态内存分配。new 运算符的一般使用格式如下。

  p = new T;

其中，T 是任意类型名，p 是类型为 T *的指针。执行该语句后，系统会动态分配出一个大小为 sizeof(T)字节的内存空间，并且将该内存空间的起始地址赋给 p。例如：

```
int *p;
p = new int;    //①
*p = 5;
```

语句①动态分配了一块 4 字节大小的内存空间，整型指针 p 指向这个空间的起始地址。通过 p 可以读写该内存空间。

2．分配多个元素空间

new 运算符还可以用来动态分配一个任意大小的数组，使用格式如下。

  p = new T[n];

T 是任意类型名，p 是类型为 T *的指针，n 代表元素个数，它可以是任何值为正整数的表达式，表达式中可以包含变量、函数调用。该语句成功执行后，系统动态分配 n×sizeof(T) 个字节的连续内存空间，并将这个连续内存空间的起始地址赋给 p。

如果要求分配的空间太大，系统无法满足，那么动态内存分配就会失败。因此，通常在进行较大的动态内存分配时，要判断该内存分配是否成功。判断的方法如下：

```
int *p = new int[200000];
if (p == NULL) printf("内存分配失败");
else printf("内存分配成功");
```

3．释放空间

使用完系统动态分配的内存空间后，程序应及时释放该空间，以便其他程序能够动态申请使用。C++提供 delete 运算符释放动态分配的内存空间。delete 运算符的基本用法如下。

delete 指针;

该指针必须已指向动态分配的内存空间,否则运行时很可能会出错。例如:

```
int * p = new int;
* p = 5;
delete p;
delete p;         //本句会导致程序异常
```

上述代码中第一条 delete 语句正确地释放了动态分配的 4 字节内存空间。第二条 delete 语句会导致程序出错,因为 p 所指向的空间已经释放。

如果使用 new 运算符动态分配了一个数组,那么释放该数组的时候,应以如下形式使用 delete[ ] 运算符进行释放。

delete []指针;

例如:

```
int * p = new int[20];
p[0] = 1;
delete []p;
```

同样要求,用 delete[ ]操作的指针 p 必须为已指向动态分配的内存空间的指针,否则会报错。如果动态分配了一个数组,却用"delete 指针"的方式释放,则程序编译时不会报错,运行时也不会发现异常,但实际上该动态分配的内存空间没有被完全释放。

使用 new 运算符动态分配的内存空间,一定要使用 delete 或 delete[ ]运算符及时予以释放。否则,即便程序运行已经结束,系统也不会收回该内存空间。若可用内存被大量消耗,则会导致操作系统运行速度变得越来越慢,甚至无法再启动新的程序。

【程序 7-15】循环后移

题目描述

有 n 个整数,使前面各数顺序向后移动 k 个位置,移出的数再从开头移入。

输入

输入分两行,第一行是两个正整数 n、k,第二行是 n 个整数,由空格分隔。

输出

输出占一行,为移动之后的 n 个数组元素,由空格分隔。

样例输入

6 2
1 2 3 4 5 6

样例输出

5 6 1 2 3 4

参考程序

```
#include <iostream>
using namespace std;
void ringShift(int *a, int n, int k){
    int *b = new int[k];
```

```
        for (int i = 0; i < k; i++)
            b[i] = a[n - k + i];
        for (int i = n-1; i - k >= 0; i--)
            a[i] = a[i - k];
        for (int i = 0; i < k; i++)
            a[i] = b[i];
        delete []b;
    }
    int main(){
        int n, k;
        cin >> n >> k;
        int *a = new int[n];
        for (int i = 0; i < n; i++)
            cin >> a[i];
        ringShift(a, n, k);
        for (int i = 0; i < n; i++)
            cout << a[i] << " ";
        delete []a;
        return 0;
    }
```

【程序 7-16】有序合并

题目描述

已知数组 a 中有 m 个升序排列的元素，数组 b 中有 n 个降序排列的元素，编程将 a 与 b 中的所有元素按降序存入数组 c 中。

输入

输入有两行，第一行首先是一个正整数 m，然后是 m 个整数；第二行首先是一个正整数 n，然后是 n 个整数，m、n 均小于或等于 1000000。

输出

输出合并后的 m+n 个整数，数据之间用空格隔开。输出占一行。

样例输入

4 1 2 5 7
2 6 4

样例输出

7 6 5 4 2 1

参考程序

```
#include <iostream>
using namespace std;
int main(){
    int m, n, i, j, k;
    cin >> m;
    int *a = new int[m];
    for (i = 0; i < m; i++)
        cin>>a[i];
```

```
        cin >> n;
        int *b = new int[n];
        for (i = 0; i < n; i++)
            cin >> b[i];
        i = m - 1; j = 0; k = 0;
        int *c = new int[m+n];
        while (i >= 0 && j < n){
            if (a[i] > b[j])
                c[k++] = a[i--];
            else
                c[k++] = b[j++];
        }
        while (i >= 0)
            c[k++] = a[i--];
        while (j < n)
            c[k++] = b[j++];
        for (i = 0; i < m + n; i++)
            cout << c[i] << " ";
        delete []a;
        delete []b;
        delete []c;
        return 0;
    }
```

7.7 本章实例

【程序 7-17】 词组缩写

题目描述

一个英文词组中每个单词的首字母的大写组合称为该词组的缩写。如，C/C++中常用的 EOF 就是 end of file 的缩写。

输入

输入的第一行是一个整数 n，表示共有 n 组测试数据；接下来 n 行，每行为一组测试数据（每行字符数小于 1000），每行由一个或多个单词组成，每个单词由一个或多个大小写字母组成；单词由一个或多个空格分隔。

输出

输出词组的缩写。

样例输入

1
end of file

样例输出

EOF

参考程序

```
#include <iostream>
```

```
#include <cstring>
using namespace std;
int main(){
    int n, i, j, k, len;
    char s[1000], c[1000];
    cin >> n;
    getchar();
    while(n--){
        cin.getline(s, 1000);
        len =strlen(s);
        k=0;
        if(s[0]>='a'&&s[0]<='z')
            c[k++]=s[0]-32;
        else if(s[0]>='A'&&s[0]<='Z')
            c[k++]=s[0];
        for(i=1;i<len;i++){
            if(s[i-1]==' '&&s[i]!=' '){
                if(s[i]>='a'&&s[i]<='z')
                    c[k++]=s[i]-32;
                else if(s[i]>='A'&&s[i]<='Z')
                    c[k++]=s[i];
            }
        }
        for(i=0;i<k;i++)
            printf("%c",c[i]);
        printf("\n");
    }
    return 0;
}
```

【程序 7-18】实数的整数部分

题目描述

输入一个实数，输出实数的整数部分。注意该实数的位数不超过 100 位。输入的整数部分可能含有不必要的前导 0，输出时应去掉，当然，若整数部分为 0，则该 0 不能去掉。如输入 0023.56732，输出应为 23，而不是 0023；0.123 对应的输出应为 0。当然输入也可能不含小数部分。

输入

输入一个实数。

输出

输出实数的整数部分。

样例输入

0023.56732

样例输出

23

参考程序

```
#include <iostream>
#include <cstring>
using namespace std;
int main(){
    char str[101], *p = str, *q;
    scanf("%s", str);
    while (*p == '0')
        p++;
    if (*p == '\0' || *p == '.')
        p--;
    q = strchr(p, '.');
    if (q != NULL)
        *q = '\0';
    puts(p);
    return 0;
}
```

【程序 7-19】实数的小数部分

题目描述

输入一个实数,输出该实数的小数部分,小数部分若有多余的末尾 0,请去掉。如输入 111111.12345678912345678900 则输出 0.123456789123456789。若去掉末尾 0 之后小数部分为 0,则输出"No decimal part"。注意该实数的位数不超过 100 位。

输入

输入一个实数。

输出

输出实数的小数部分。

样例输入

111111.12345678912345678900

样例输出

0.123456789123456789

参考程序

```
#include <iostream>
#include <cstring>
using namespace std;
int main(){
    int len;
    char str[110], *p = str, *q;
    gets(str);
    while (*p != '.')
        p++;
    len = strlen(p);
    q = p + len - 1;
    while (*q == '0')
```

```
            *q--='\0';
        if (*q=='.')
            printf("No decimal part");
        else
            printf("0%s", p);
        return 0;
    }
```

习题

一、选择题

1. 已有定义"int c, *s, a[]={1, 3, 5};",语法和语义都正确的赋值是（   ）。
   A. c=*s;   B. s[0]=a[0];   C. s=&a[1];   D. c=a;
2. 已有声明"int a=1,*p=&a;",下列正确的语句是（   ）。
   A. a=p;   B. p=2*p+1;   C. p=1000;   D. a+=*p;
3. 已知"char ch[9]="computer",*s=ch; int i;",则下面输出语句中错误的是（   ）。
   A. printf("%s",s);   B. printf("%s",ch);
   C. printf("%s",*s);   D. for(i=0;i<8;i++) printf("%c",ch[i]);
4. 下面程序执行后输出的结果是（   ）。

```
#include <iostream>
#include <string.h>
using namespace std;
int main(){
    char *p[10]={"abc", "aabdfg", "dcdbe", "abbd", "cd"};
    printf("%d\n", strlen(p[4]));
    return 0;
}
```

   A. 2   B. 3   C. 4   D. 5
5. 已有函数"int fun(int *p){return *p;}",则调用该函数后,函数的返回值是（   ）。
   A. 不确定的值   B. 形参 p 中存放的值
   C. 形参 p 所指存储单元中的值   D. 形参 p 的地址值
6. 下面不正确的赋值或赋初值的方式是（   ）。
   A. char str[]="string";   B. char str[10]; str="string";
   C. char *p="string";   D. char *p; p="string";
7. 假定已有定义"char a[30], *p=a;",则下列语句中能将字符串"This is a C++ program."正确地保存到数组 a 中的语句是（   ）。
   A. a[30]="This is a C++ program.";   B. a="This is a C++ program.";
   C. p="This is a C++ program.";   D. strcpy(p, "This is a C++ program.");
8. 已有定义"static char *p="Apple";",则执行"puts(p+2);"时输出结果是（   ）。
   A. Apple   B. Cpple   C. pple   D. ple

9. 已有定义"int a[5]={1, 2, 3, 4, 5}, *p, i;",下面语句中不能正确输出 a 数组全部元素的值的是(　　)。

　　A. for(p = a, i = 0; i<5; i++) printf("%d", *(p+i));
　　B. for(p = a; p<a + 5; p++) printf("%d", *p);
　　C. for(p = a, i = 0; p<a+5; p++, i++) printf("%d", p[i]);
　　D. for(p = a; p<a + 5; p++)printf("%d", p[0]);

10. 不合法的 main 函数命令行参数表示形式是(　　)。

　　A. main(int a, char *c[])
　　B. main(int arc, char **arv)
　　C. main(int argc, char *argv)
　　D. main(int argv, char *argc[])

11. 下面选项中,有语法错误的是(　　)。

　　A. void f(char a[10]) {while(*a) printf("%c", *a++);}
　　B. void f(char *a) {while(a[0]) printf("%c", *a++);}
　　C. void main() {char *a = "first"; while(*a) printf("%c", *a++);}
　　D. void main() {char a[10] = "Hello!"; while(*a) printf("%c", *a++);}

12. 已有定义"int a[5];",以下表达式中不能正确取得 a[1]指针的是(　　)。

　　A. &a[1]　　　　B. ++a　　　　C. &a[0]+1　　　　D. a+1

13. 对应于"main(){ int a[20], n; f(n, &a[9]); }"中的 f 函数调用语句,下面给出的四个 f 函数头中,错误的是(　　)。

　　A. void f(int m, int a[])　　　　B. void f(int m, int a[11])
　　C. void f(int n, int *p)　　　　D. void f(int n, int a)

14. 已有定义"int k, b[10], *p=b;",现需要将 1~10 保存到 b[0]~b[9]中,下面程序段中不能实现这一功能的是(　　)。

　　A. for(k = 0; k<10; k++) b[k] = k + 1;　　　　B. for(k = 0; k<10; k++) p[k] = k + 1;
　　C. k = 1; while (p<b + 10) *p++ = k++;　　　　D. k = 1; while (p<b+10) *b++ = k++;

15. 已有定义"int m[]={1, 2, 3, 4, 5, 6}, *p=&m[2];",则值为 3 的表达式是(　　)。

　　A. *++p　　　　B. *(--p++)　　　　C. ++*p　　　　D. (*p)++

16. 若有函数定义为"int f(int x, int *y){return x/*y;}",下面声明该函数的正确形式是(　　)。

　　A. int f(int, int*);　　　　B. int *f(int, int *);
　　C. int f(int*, int*);　　　　D. void f(int, int);

17. 下面用于定义一个行指针变量的是(　　)。

　　A. int *p(int);　　B. int *p;　　C. int (*p)[3];　　D. int (*p)(int);

18. 若有定义"int i,a[4][10],*p,*q[4];",且 0<i<4,则错误的赋值是(　　)。

　　A. p = a[i];　　B. q[i] = a[i];　　C. p = a;　　D. p = &a[2][1];

19. 若有定义"int (*f)(int);",则下面叙述正确的是(　　)。

　　A. f 是函数名,该函数的返回值是类型为 int 类型的地址
　　B. f 是指向函数的指针变量,该函数具有一个 int 类型的形参
　　C. f 是指向 int 类型一维数组的指针变量

D．f 是类型为 int 的指针变量

20．设有声明语句"int b[3][3]={1,2,3,4,5,6,7,8,9};"，下面语句中不能输出数组元素 b[1][2] 的值 6 的是（　　）。

A．printf("%d",*(*(b+1)+2));
B．printf("%d",*(&b[2][0]-1));
C．printf("%d",*(b[1]+2));
D．printf("%d",*(b+1)[2]);

二、填空题

1．指针是一个特殊的变量，它里面存储的数值被解释为_____。

2．若已有定义"int a,*p;"，则使指针 p 指向 a 的语句是_____，当 p 指向 a 后，与 p 等价的是_____，与 a 等价的是_____。

3．已有定义"static int a[5]={1, 2, 3, 4, 5},*p=&a[0];"，则*(p+1)的值是_____，*(a+1)的值是_____，与 p=&a[0] 等价的语句是_____。

4．若已有定义"int b[10], *p=b, *q; q=&b[5];"，则表达式 q-p 的值是_____。

5．若已有定义"int a[10], *p=a+3;"，则 p[6]与数组 a 中的元素_____等价。

6．若已有定义"char *s="%d,%d,%d \n"; int a=2, b=3, c=1;"，则语句"printf(s, a, b);"的输出结果是_____。

7．&既可以用作单目运算符也可以用作双目运算符，用作单目运算符时表示的功能是_____。

8．若有声明"char a[3]="AB"; char *p=a;"，则语句"printf("%d", p[2]);"会输出_____。

9．编译系统在编译时为程序中的函数分配一个唯一的地址，该地址称为_____。

10．有函数声明语句"double max(double a, double b);"，则定义指向此函数的指针 p 的语句为_____，用该指针指向 max()函数的语句为_____，用该指针调用 max()函数的语句为_____。

三、编程题

1．部分逆置

题目描述

输入 n 个整数，把第 i 到 j 个元素进行逆置（1≤i≤j≤n），输出逆置后的 n 个数。请用指向数组元素的指针变量实现。

输入

首先输入一个正整数 T，表示测试数据的组数，然后输入 T 组测试数据。每组测试数据首先输入 n、i、j（含义如题所述），然后再输入 n 个整数。

输出

对于每组测试数据，输出逆置后的 n 个整数。每组测试的输出单独占一行，每两个数据之间用空格分隔。

样例输入

2
7 2 6 1 2 3 4 5 6 7
5 1 5 1 2 3 4 5

样例输出

1 6 5 4 3 2 7

5 4 3 2 1

2. 字符过滤

题目描述

以指针的方式，将某个字符串中出现的特定字符删去，然后输出新的字符串。

输入

首先输入一个正整数 T，表示测试数据的组数，然后输入 T 组测试数据。每组测试数据输入一个字符串 S 和一个非空格字符 t。其中 S 的长度不超过 100，且只包含英文字符。

输出

对于每组测试数据，将删去 t 后得到的字符串输出。若字符串被删空，则输出 NULL。

样例输入

2
eeidliecielpvu i
ecdssnepffnofdoenci e

样例输出

eedlecelpvu
cdssnpffnofdonci

3. 方阵转置

题目描述

编写一个函数，将一个 n×n 的方阵转置。要求用指针实现。

输入

测试数据有多组，处理到文件结束。对于每组测试，第一行输入一个整数 n（n≤10），接下来的 n 行每行输入 n 个不超过两位的整数。

输出

对于每组测试数据，输出该 n×n 方阵的转置方阵，每行的每两个数据之间用空格分隔。

样例输入

5
1 2 3 4 5
6 7 8 9 10
11 12 13 14 15
16 17 18 19 20
21 22 23 24 25

样例输出

1 6 11 16 21
2 7 12 17 22
3 8 13 18 23
4 9 14 19 24
5 10 15 20 25

第8章 结 构 体

在现实问题中，经常需要用一组类型不同的数据组合来描述一个对象。如一名学生要用学号、姓名、性别、籍贯等信息加以描述，一名教师要用工号、姓名、性别、出生日期等信息加以描述。编程时若利用多个独立的变量来描述一个对象势必导致极大的不便，C/C++中允许编程人员自定义结构体类型，进而定义该类型的变量来刻画现实问题中的对象。

8.1 定义和使用结构体

结构体是C/C++语言中一种重要的数据类型，用来实现用户自定义数据类型，该数据类型由一组称为成员的不同数据元素组成，这些成员又可以具有不同的数据类型。

8.1.1 定义结构体类型

C/C++中支持在已有数据类型的基础上定义新的复合数据类型，用"struct"关键字定义一个"结构体类型"，也就定义了一个新的复合数据类型。定义结构体的一般格式如下。

```
struct 结构体类型名{
    类型名1 变量名1;
    ...
    类型名n 变量名n;
};
```

例如：

```
struct student{
    long long num;
    string name;
    char sex;
};  //注意结构体定义最后以分号结束
```

以上定义了一个名为student的结构体类型，包含3个成员：num为long long类型，表示学号；name为字符串类型，表示姓名；sex为字符类型，表示性别。

8.1.2 定义结构体变量

定义结构体类型后，就可以进一步定义该结构体类型的变量。C/C++中可使用以下三种方法定义结构体变量。

1. 先定义结构体类型再定义该类型的变量

```
struct student{
    long long num;
    string name;
```

```
            char sex;
    };
    struct student s1, s2;
```

2. 在定义结构体类型时定义该类型的变量

```
struct student{
    long long num;
    string name;
    char sex;
}s1, s2;
```

3. 不指定结构体类型名而直接定义结构体变量

```
struct{
    long long num;
    string name;
    char sex;
}s1, s2;
```

8.1.3 引用结构体成员

在定义结构体变量时，可以对其初始化。同种类型的结构体变量之间可以相互赋值，但是不能将一个结构体变量作为一个整体进行输入、输出，而只能对其成员进行输入、输出。引用结构体变量成员的一般格式如下。

结构体变量名.成员名

例如：

```
struct student stu={202103061201, "Jack", 'M'};
cin >> stu.num;
cout << stu.name;
```

如果结构体的某成员又是一个结构体类型变量，那么必须以级联的方式访问该变量。

【例 8-1】级联访问嵌套结构体成员实例。

```
#include <iostream>
using namespace std;
struct date{
    int year;
    int month;
    int day;
};
struct student{
    long long num;
    string name;
    char sex;
    struct date birthday;
};
```

```cpp
int main()
{
    struct student stu = {202103061201, "Jack", 'M', {2003, 6, 7}};
    cout << stu.num << " " << stu.name << " " << stu.sex << " ";
    cout<<stu.birthday.year<< "." <<stu.birthday.month<< "." <<stu.birthday.day<<endl;
    return 0;
}
```

【程序 8-1】歌唱大赛

题目描述

好多同学报名参加了英语俱乐部举办的"英文金曲歌唱大赛"活动，小明自告奋勇接下了计算总分的任务。每名选手均有 5 位评委打分，要求对每名选手去掉一个最高分、去掉一个最低分，再计算剩下打分的平均分（结果精确到小数点后两位）。

输入

测试数据包括多个实例，每个实例一行，包括选手姓名（姓名无空格且长度不超过 20 个字符），随后是 5 个实数代表评委打分。

输出

每位选手姓名和最终得分。

样例输入

bbz 1 2 3 4 5
cmt 5 6 7 8 9
ggx 6 7 8 9 10

样例输出

bbz 3.00
cmt 7.00
ggx 8.00

参考程序

```cpp
#include <iostream>
using namespace std;
struct stu{
    char name[30];
    double a[5];
    double grade;
};
int main(){
    struct stu s;
    while(scanf("%s%lf%lf%lf%lf%lf",s.name,&s.a[0],&s.a[1],&s.a[2],&s.a[3],&s.a[4])!=EOF)
    {
        double sum, max, min;
        sum = max = min = s.a[0];
        for(int i = 1; i < 5; ++i){
            sum = sum+s.a[i];
            if(s.a[i] > max)
                max = s.a[i];
```

```
            else if(s.a[i] < min)
                min = s.a[i];
        }
    sum = sum - max - min;
    s.grade = sum / 3;
    printf("%s %.2lf\n", s.name, s.grade);
    }
    return 0;
}
```

8.2 结构体数组与指针

元素为结构体类型变量的数组称为结构体数组，定义结构体数组的方法与定义普通数据类型数组相同。所谓结构体指针就是指向结构体变量的指针，一个结构体变量的起始地址就是该结构体变量的指针。通过结构体指针引用成员的一般格式如下。

> 结构体指针名->成员名

【程序 8-2】 比武招亲
题目描述
比武打擂，报名的人太多了，第一关是身高要合格。作为程序员，小明最擅长的就是编程了，组织者也发现了这一点，所以把首轮根据身高进行选拔的任务交给了小明，如果程序编得好，小明就可以直接进入下一轮选拔，于是小明开心地笑了。
输入
首先输入一个整数 n（1≤n≤100），表示 n 名竞选者；然后是 n 行数据，每行是参加竞选者的姓名 name（name 无空格且长度小于 20）和身高 h（0<h<100）；最后一行是两个整数 a、b 表示身高的合格范围[a, b]。
输出
把身高合格的竞选者信息按身高从高到低输出，格式与输入相同。
样例输入
5
武大 63
张员外 83
西门 93
武二 96
郑屠 99
90 97
样例输出
武二 96
西门 93
参考程序

```
#include <iostream>
```

```cpp
using namespace std;
struct person{
    char name[21];
    int h;
};
int main(){
    struct person s[101];
    struct person t;
    int n, a, b, flag;
    scanf("%d", &n);
    for(int i=0; i<n; i++){
        flag = 0;
        scanf("%s%d", s[i].name, &s[i].h);
    for(int i=0; i<n; i++)
        for(int j = 0; j<n-i-1; j++){
            if(s[j].h < s[j+1].h){
                t = s[j];
                s[j] = s[j+1];
                s[j+1] = t;
            }
        }
        if (flag ==0) break;
    }
    scanf("%d%d", &a, &b);
    for(int i=0; i<n; i++)
        if(s[i].h >= a && s[i].h <= b)
            printf("%s %d\n", s[i].name, s[i].h);
    return 0;
}
```

【程序 8-3】总分最高学生信息

题目描述

键盘输入若干个学生的信息，每个学生信息包括学号、姓名、3 门课的成绩，计算每个学生的成绩总分，输出总分最高的学生的信息。

输入

首先输入一个整数 n（1≤n≤100），表示学生人数，然后输入 n 行，每行包含一个学生的信息：学号（12 位）、姓名（不含空格且不超过 20 个字符），以及三个整数，表示语文、数学、英语三门课成绩，数据之间用空格隔开。

输出

输出总成绩最高的学生的学号、姓名及三门课成绩，用空格隔开。若有多个最高分，只输出第一个。

样例输入

3
202407010188 Zhangling 89 78 95
202407010189 Wangli 85 87 99
202407010190 Fangfang 85 68 76

样例输出

202407010189 Wangli 85 87 99

参考程序

```cpp
#include <iostream>
using namespace std;
struct student{
    long long num;
    string name;
    int a, b, c;
};
int main(){
    struct student s[100];
    int n;
    cin >> n;
    for (int i = 0; i < n; i++)
        cin >> s[i].num >> s[i].name >> s[i].a >> s[i].b >> s[i].c;
    int v = 0;
    int m = 0;
    struct student *p = &s[0];
    for (int i = 0; i < n; i++, p++)
        if (v < p->a + p->b + p->c)
            m = i, v = p->a + p->b + p->c;
    cout << s[m].num << " " << s[m].name << " ";
    cout<< s[m].a << " " << s[m].b << " " << s[m].c;
    return 0;
}
```

8.3 结构体与单链表

结构体类型的成员可以是基本数据类型，也可以是结构体类型，甚至可以是指针类型。设置一个同类型指针成员存放下一个结点的地址，让每个结点的指针成员指向下一个结点，最后一个结点的指针成员值为空，便可构成一个单链表。单链表中结点的结构体格式如下。

```cpp
struct node{
    int data;
    node *next;
};
```

以上定义了一个名为"node"的结构体类型，该结构体包含两个成员，第一个成员存放整型数据 data，第二个成员是指向 node 结构体类型的指针 next，即下一个结点的地址。

【程序 8-4】猴王

题目描述

n 只猴子围坐成一个圈，按顺时针方向从 1 到 n 编号。然后从 1 号猴子开始沿顺时针方向报数,报到 m 的猴子出局,再从刚出局猴子的下一个位置重新开始报数,如此重复,直至剩下一个猴子,它就是猴王。

输入

输入两个整数 n 和 m,1≤m≤n≤100。

输出

输出猴王的编号。

样例输入

8 3

样例输出

7

参考程序

```cpp
#include <iostream>
using namespace std;
struct node{
    int data;
    node *next;
};
int main(){
    int n, m;
    cin >> n >> m;
    node *p, *q, *head = new node;
    head->next = head;
    for (int i = n; i >= 1; i--){
        p = new node;
        p->data = i;
        p->next = head->next;
        head->next = p;
    }
    node *prev = head, *cur = head->next;
    int count = 1;
    while (head->next->next != head){
        while(count != m && cur != head){
            count++;
            prev = cur;
            cur = cur->next;
        }
        if (cur != head){
            q = cur;
            cur = cur->next;
            prev->next = cur;
            delete q;
            count = 1;
        }
        else {
            prev = head;
```

```
            cur = head->next;
        }
    }
    cout << head->next->data;
    return 0;
}
```

8.4 共用体类型

共用体是一种特殊的数据类型,允许在相同的内存位置存储不同的数据。可以定义一个包含多个成员的共用体,但是任何时候只能有一个成员有值。共用体提供了一种使用相同的内存位置存储不同类型变量的有效方式。定义共用体使用关键字 union,定义共用体类型的一般格式如下。

```
union 共用体类型名{
    类型名1 变量名1;
    ...
    类型名n 变量名n;
};
```

例如:

```
union Data{          //表示不同类型的变量 i,ch,f 可以存放到同一段存储单元中
    int i;
    char ch;
    float f;
}a, b, c;            //在声明类型同时定义变量
```

"共用体"与"结构体"的定义形式相似,但它们的含义是不同的。结构体变量所占内存长度是各成员所占内存长度之和,每个成员分别占有自己的内存单元。而共用体变量所占的内存长度等于最长的成员的长度,几个成员共用一个内存区。共用体中起作用的是最后一次存放的成员,在给一个新成员赋值后,旧成员就因被覆盖而丢失。

【程序 8-5】师生座谈会

题目描述

多名师生参加座谈会,学生的信息包括姓名、性别、职业、班级,教师的信息包括姓名、性别、职业、职务。要求用结构体和共用体编程实现输入输出。

输入

输入一个正整数 n(n<10)及 n 名教师或学生的信息。

输出

输出 n 名教师或学生的信息。

样例输入

3
zhangsan 1 s 2141
lisi 0 s 2142

wangwu 1 t Professor

样例输出

zhangsan 1 s 2141

lisi 0 s 2142

wangwu 1 t Professor

参考程序

```
#include <iostream>
using namespace std;
struct person{
    char name[10];
    char sex;
    char job;
    union{                          //声明无名共用体类型
        int clas;                   //成员 clas(班级)
        char position[10];          //成员 position(职务)
    }category;                      //成员 category 是共用体变量
};
int main(){
    int n;
    cin >> n;
    person p[100];
    for(int i=0;i<n;i++){
        scanf("%s %c %c ", p[i].name, &p[i].sex, &p[i].job);      //输入前 3 项
        if(p[i].job=='s')
            scanf("%d", &p[i].category.clas);                     //如是学生,输入班级
        else if(p[i].job=='t')
            scanf("%s", p[i].category.position);                  //如是教师,输入职务
    }
    for(int i=0;i<n;i++)
        if (p[i].job=='s')
            printf("%s %c %c %d\n", p[i].name,p[i].sex,p[i].job,p[i].category.clas);
        else
            printf("%s %c %c %s\n", p[i].name, p[i].sex, p[i].job, p[i].category.position);
    return 0;
}
```

8.5 枚举类型

若某变量只有几种可能的取值,则可将其定义为枚举类型。所谓"枚举"就是指把可能的值一一列举出来,变量的值仅限于所列举出的值范围。声明枚举类型的一般格式为如下。

enum [枚举名] {枚举元素列表};

例如:

```
enum Weekday{sun, mon, tue, wed, thu, fri, sat};
enum Weekday workday, weekend;
```

也可以不声明有名字的枚举类型,而直接定义枚举变量。例如:

```
enum {sun, mon, tue, wed, thu, fri, sat} workday, weekend;
```

说明:

1) C 语言编译时将枚举类型的枚举元素按常量处理,故称枚举常量。不要因为它们是标识符(有名字)而把它们看作变量,不能对它们赋值。

2) 每一个枚举元素都代表一个整数,C/C++编译按定义时的顺序默认它们的值为 0, 1, 2, 3, 4, 5, …。除非显式地为它们指定了其他整数值。如果第一个枚举元素没有指定值,它会被默认赋值为 0;若第一个元素有指定值,则后续元素依次加 1。

3) 枚举元素可以用于判断比较。枚举元素的比较规则是按其初始化时指定的整数比较。

【程序 8-6】取球方案

题目描述

口袋中有红、黄、蓝、白、黑 5 种颜色的球各一个。每次从口袋中先后取出 3 个球,问得到 3 种不同颜色的球的可能取法,输出每种取法。

输入

无。

输出

每种取法(按红、黄、蓝、白、黑字典序)。

样例输入

无

样例输出

略

参考程序

```
#include <iostream>
using namespace std;
int main(){
    enum Color {red, yellow, blue, white, black};
    int cnt=0, cur, loop;
    for (int i = red; i <= black; i++)
        for (int j = red; j <= black; j++)
            for (int k = red; k <= black; k++)
                if ((i != j) && (k != i) && (k != j)){
                    cnt++;
                    printf("%-4d", cnt);
                    for (loop = 1; loop <= 3; loop++){
                        switch (loop){
                            case 1: cur = i; break;
                            case 2: cur = j; break;
                            case 3: cur = k; break;
```

```
                    default: break;
                }
                switch (cur) {          //根据球的颜色输出相应的文字
                    case red: printf("%-10s", "red"); break;
                    case yellow: printf("%-10s", "yellow"); break;
                    case blue: printf("%-10s", "blue"); break;
                    case white: printf("%-10s", "white"); break;
                    case black: printf("%-10s", "black"); break;
                    default: break;
                }//switch
            }//for
            printf("\n");
        }//外层 for
    return 0;
}
```

8.6 使用 typedef 声明新类型名

当使用较复杂的数据类型时，会导致代码编写变得冗长不清晰。typedef 能够将复杂的类型声明为简单的类型，不仅有助于简洁编写代码和增强程序的可读性，而且有利于程序的通用性与可移植性。以下为命名一个简单的类型名代替复杂的类型表示方法的常用场合。

1．命名一个新的类型名代表结构体类型

```
typedef struct{
    int month;
    int day;
    int year;
}Date;                  //声明了一个新类型名 Date，代表结构体类型
Date birthday;          //定义结构体类型变量 birthday，不要写成 struct Date birthday;
Date *p;                //定义结构体指针变量 p，指向此结构体类型数据
```

2．命名一个新的类型名代表数组类型

```
typedef int Arr[100];   //声明 Arr 为整型数组类型名
Arr a;                  //定义一个整型数组 a，该数组包含 100 个元素
```

3．命名一个新的类型名代表指针类型

```
typedef char *String;   //声明 String 为字符指针类型
String p, s[10];        //定义 p 为字符指针变量，s 为字符指针数组
```

4．命名一个新的类型名代表指向函数的指针类型

```
typedef int (*Pointer)();   //声明 Pointer 为指向函数的指针类型，该函数返回整型值
Pointer p1, p2;             //p1,p2 为 Pointer 类型的指针变量
```

使用 typedef 声明一个新类型名的步骤如下。
1）先按定义变量的方法写出定义体（如：int i;）。

2）将变量名换成新类型名（例如：将 i 换成 Count）。
3）在最前面加 typedef（例如：typedef int Count）。
4）然后可以用新类型名去定义变量。

简而言之，就是按定义变量的方式把变量名换上新类型名，并在最前面加 typedef，就声明了代表原有类型的新类型名。

以定义数组类型为例进行说明。
1）先按定义数组变量形式书写，int a[100]。
2）将变量名 a 换成自己命名的类型名，int Arr[100]。
3）在前面加上 typedef，得到 typedef int Arr[100]。
4）用新类型名定义变量，Arr a; 相当于定义了"int a[100];"。

习惯上，常将 typedef 声明的新类型名的首字母大写，以便与系统提供的标准类型标识符相区别。

8.7 本章实例

【程序 8-7】芝麻开门

题目描述

阿里巴巴喊一声"芝麻开门"，面前出现了一个藏宝山洞，山洞里堆满了 n 件宝物，每件物品具有价值和质量两种属性。可是阿里巴巴身上只有一个口袋，他只能挑选三件宝物。请按价值降序，若价值相同则按质量升序排列这 n 件宝物。

输入

第一行输入一个整数 n（1≤n≤1000）表示有 n 件宝物；第二行为 n 个正整数 pi 代表每件物品的价值，第三行为 n 个正整数 wi 代表每件物品的质量（1<pi, wi<10000）。

输出

输出共 n 行，每行两个正整数 pi、wi，用空格隔开，顺序如题所述。

样例输入

6
3 4 6 4 2 6
1 3 7 6 3 9

样例输出

6 7
6 9
4 3
4 6
3 1
2 3

参考程序

```
#include <iostream>
using namespace std;
struct treasure{
```

```c
        int p;
        int w;
};
int main(){
    struct treasure s[1001];
    struct treasure t;
    int n;
    while(scanf("%d", &n)!=EOF){
        for(int i=0; i<n; i++)
            scanf("%d", &s[i].p);
        for(int i=0; i<n; i++)
            scanf("%d", &s[i].w);
        for(int i=0; i<n; i++)
            for(int j = 0; j<n-i-1; j++){
                if(s[j].p < s[j+1].p){
                    t = s[j];
                    s[j] = s[j+1];
                    s[j+1] = t;
                }
                else if(s[j].p == s[j+1].p){          //价值相同，按质量升序
                    if(s[j].w > s[j+1].w){
                        t = s[j];
                        s[j] = s[j+1];
                        s[j+1] = t;
                    }
                }
            }
        for(int i=0; i<n; i++)
            printf("%d %d\n", s[i].p, s[i].w);
    }
    return 0;
}
```

【程序 8-8】二叉排序树

题目描述

二叉排序树，也称为二叉查找树。可以是一棵空树，也可以是一棵具有如下特性的非空二叉树：

1）若左子树非空，则左子树上所有节点关键字值均不大于根节点的关键字值。
2）若右子树非空，则右子树上所有节点关键字值均不小于根节点的关键字值。
3）左、右子树本身也是一棵二叉排序树。

现在给定 N 个关键字值各不相同的节点，要求按顺序将节点插入一个初始为空树的二叉排序树中，每次插入成功后求相应的父节点的关键字值，如果没有父节点，则输出-1。

输入

输入包含多组测试数据，每组测试数据两行。第一行为一个数字 N（N≤100），表示待插入的节点数。第二行为 N 个互不相同的正整数，表示要顺序插入节点的关键字值，这些值不超过 1000。

输出

输出共 N 行，每次插入节点后，该节点对应的父节点的关键字值。

样例输入

5

2 5 1 3 4

样例输出

-1

2

2

5

3

参考程序

```cpp
#include <iostream>
using namespace std;
struct tree{
    int data;
    struct tree *lchild;
    struct tree *rchild;
};
void del_tree(tree *root){
    if (root->lchild != NULL) {
        del_tree(root->lchild);
        root->lchild = NULL;
    }
    if (root->rchild != NULL) {
        del_tree(root->rchild);
        root->rchild = NULL;
    }
    delete root;
}
int main(){
    int n, i;
    while(cin >> n){
        tree *root = new tree;
        cin >> root->data;
        root->lchild = NULL;
        root->rchild = NULL;
        cout << -1 << endl;
        tree *node, *pre;
        for (int i=1; i<n; i++){
            node = new tree;
            cin >> node->data;
            node->lchild = NULL;
```

```
                    node->rchild = NULL;
                    pre = root;
                    while (pre != NULL){
                        if (node->data < pre->data){
                            if (pre->lchild == NULL){
                                pre->lchild = node;
                                cout << pre->data << endl;
                                break;
                            }
                            else
                                pre = pre->lchild;
                        }
                        else{
                            if (pre->rchild == NULL) {
                                pre->rchild = node;
                                cout << pre->data << endl;
                                break;
                            }
                            else
                                pre = pre->rchild;
                        }
                    }//if
                }//while
            }//for
            del_tree(root);
        }//while
        return 0;
    }
```

习题

一、选择题

1. 定义一个结构体变量时，系统分配给它的内存是（   ）。
    A．各成员所需内存总和
    B．成员中所占内存最多的容量
    C．结构体中第一个成员所占内存的容量
    D．结构体中最后一个成员所占内存的容量
2. 已知有如下定义和声明。

```
struct student
{
    int num;
    char name[20];
    struct {int year, month, day;} birth;
}stu;
```

若要求将日期"2018年5月12日"保存到变量 stu 的 birth 成员中，则能实现这一功能的程序段是（　　）。

A．year=2018; month=5; day=12;

B．stu.year=2018;stu.month=5; stu.day=12;

C．birth.year=2018; birth.month=5; birth.day=12;

D．stu.birth.year=2018; stu.birth.month=5; stu.birth.day=12;

3．已有数据类型定义和变量声明如下。

```
struct person {
    int num; char name[20], sex;
    struct {int class; char prof[20];}in;
}a={18,"Li na",'M', {101,"english"}},*p=&a;
```

下列语句中正确的是（　　）。

A．printf("%s", a->name);
B．printf("%s", p->in.prof);
C．printf("%s", *p.name);
D．printf("%c", p->in->prof);

4．已有定义"struct student{int num; char name[10];}s={110, "Tom"}, *p=&s;"，则下列语句中错误的是（　　）。

A．printf("%d", s.num);
B．printf("%d", (&s)->num);
C．printf("%d", &s->num);
D．printf("%d", p->num);

5．已有定义"struct ss{int n; struct ss *b;}a[3]={{5, &a[1]}, {7, &a[2]}, {9, 0}}, *ptr=&a[0];"，则下面的选项中值不为7的表达式是（　　）。

A．ptr->n
B．(++ptr)->n
C．a[1].n
D．a[0].b->n

6．下列运算符中，优先级最高的是（　　）。

A．->
B．++
C．&&
D．=

7．有以下说明和定义语句。

```
struct student{    int age; char num[8];};
struct student stu[3]={{20,"200401"},{21,"200402"},{19,"200403"}};
struct student *p=stu;
```

以下选项中引用结构变量成员的表达式错误的是（　　）。

A．(p++)->num
B．p->num
C．(*p).num
D．stu[3].age

8．下面程序的输出结果为（　　）。

```
#include <iostream>
struct st{int x;int *y;} *p;
int dt[4]={10,20,30,40};
struct st aa[4]={ 50,&dt[0],60,&dt[1],70,&dt[2],80,&dt[3] };
int main()
{
  p=aa;
  printf("%d,", ++p->x );
  printf("%d,", (++p)->x);
  printf("%d", ++( *p->y));
```

```
        return 0 ;
    }
```

    A．10,20,20   B．50,60,21   C．51,60,21   D．60,70,31

9．若有如下定义和声明。

```
typedef enum{green, red, yellow, blue, black}color;
color flower;
```

则下列语句中正确的是（　　）。

    A．green=red;   B．flower=red;   C．color=red;   D．enum=red;

10．已有声明和定义"typedef int *INTEGER; INTEGER p,*q;"，下面叙述正确的是（　　）。

    A．p 是 int 型变量   B．p 是类型为 int 的指针变量

    C．q 是类型为 int 的指针变量   D．程序中可用 INTEGER 代替 int 类型名

二、填空题

1．若程序中已经声明了一个结构类型以及结构变量，则访问该结构变量成员的形式是_____。

2．若有结构声明"struct person{int num;char name[15];}p;"，则能给结构变量 p 的成员 num 赋值的语句为"scanf("%d",_____)"。

3．若有结构与变量声明"struct stru{int n;}str,*p=&str;"，则通过结构指针变量 p 访问结构成员 n 的形式有(*p).n 和_____。

4．设有定义"struct date{int year,month,day;};"，定义 d 为上述结构变量，并同时为其成员 year、month、day 依次赋初值 2024、11、30 的语句是_____。

5．定义枚举变量的关键字是_____。

6．现有如图 8-1 所示的存储结构，每个结点含两个域，data 是指向字符串的指针域，next 是指向结点的指针域。请填空完成此结构的类型定义和说明。

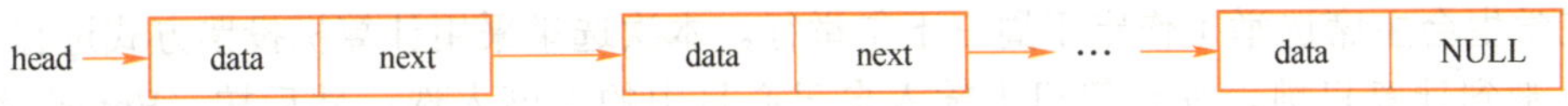

图 8-1　存储结构

```
struct link
{ _____
  _____
} *head;
```

7．若已有定义"union A{char a1; int a2; double a3;};"，则 sizeof(union B)的值为_____。

8．若已有定义"struct B{char b1; int b2; double b3;};"，则 sizeof(union B)的值为_____。

9．用 typedef 定义一个长度为 10 的整型数组 NUM 的语句是_____。

10．若要声明一个类型名 STR，使得定义语句 STR s 等价于 char *s，则声明语句是_____。

三、编程题

1. 解题排行

题目描述

按 OJ 解题总数生成排行榜。假设每个学生信息仅包括学号、解题总数。要求先输入 n 个学生的信息,然后按解题总数降序排列,若解题总数相等,则按学号升序排列。

输入

每组测试数据先输入一个正整数 n($1 \leq n \leq 100$),表示学生总数。然后输入 n 行,每行包括一个不含空格的字符串 s(不超过 8 位)和一个正整数 d,分别表示一个学生的学号和解题总数。

输出

对于每组测试数据,输出最终排名信息,每行一个学生的信息:排名、学号、解题总数。每个数据之间留一个空格。注意,解题总数相同的学生其排名也相同。

样例输入

4
0010 200
1000 110
0001 200
0100 225

样例输出

1 0100 225
2 0001 200
2 0010 200
4 1000 110

2. 选票统计

题目描述

院学生会主席选举工作定于周三下午举行。本次选举采用计算机投票方式进行,同学们排队走到计算机前,在计算机上输入自己心目中的主席人选,然后按〈Enter〉键表示确认。

当所有同学投票结束,工作人员输入"#"并按〈Enter〉键确认,代表投票结束,计算机立即显示出得票最高的同学姓名,该同学将成为新一届院学生会主席候选人。

输入

输入包含多行,每行是一个由英文字母组成的字符串,表示一位被选举的同学姓名,遇到"#"时表示投票结束。

参加投票的人数不超过 500 人,每位学生的姓名字符串(英文)长度小于 20。

输出

输出得票最高的同学姓名,即新一届院学生会主席候选人。若有多名候选人,则按字典序逐行输出。

样例输入

Zhangsan
Lisi

Wangwu
Wangwu
Xiaoming
Xiaoming
#
样例输出
Wangwu
Xiaoming

3．不及格统计

题目描述

班级刚刚举办了一场比赛，比赛有两个项目，每个人有两个得分 A、B，其中任意一项低于 60 即为不及格，现在问有多少人不及格？

输入

第一行输入一个数字 n 表示有 n 名同学（0<n<100）。接下来 n 行，每行输入两个数字 A 和 B 表示当前学生的两项得分，其中 A、B 均大于或等于 0，小于或等于 100。

输出

一个数字，表示有多少人不及格。

样例输入

2
59 61
100 100

样例输出

1

4．中位成绩

题目描述

班级刚刚举办了一场比赛，比赛有两个项目，每个人有两个得分 A、B。将每位同学的成绩按照这两个项目的总分排序，请输出成绩恰好处于中位的同学姓名和总成绩。

输入

第一行输入一个数字 n 表示有 n 名学生（0<n<100）。接下来 n 行，每行输入一个字符串表示该学生姓名（姓名字符串由英文字母组成，且长度小于 20），两个数字 A 和 B 表示该同学的两项得分，其中 A、B 均大于或等于 0，小于或等于 100。

输出

处于中位（排名第⌊n/2⌋位）成绩的学生的姓名和总成绩。

样例输入

3
Zhangsan 59 61
Lisi 100 100
Wangwu 70 80

样例输出

Wangwu 150

5. 获奖金额

题目描述

学院发放奖学金共3种，获奖条件如下。

一等奖学金，每人3000元，期末平均成绩大于或等于90，蓝桥杯省赛一等奖。

二等奖学金，每人2000元，期末平均成绩大于或等于85，蓝桥杯省赛二等奖。

三等奖学金，每人1000元，期末平均成绩大于或等于80，蓝桥杯省赛三等奖。

只要符合条件就可以得奖。现给出若干学生的姓名、期末平均成绩、蓝桥杯省赛得奖等级（1、2、3、0分别代表一等奖、二等奖、三等奖、没有获奖）。计算每位同学的获奖金额。

输入

第一行是一个整数n（$1 \leq n \leq 10$），表示学生的总数。接下来的n行，每行是一位学生的数据，从左向右依次是姓名、期末平均成绩、蓝桥杯省赛得奖等级。姓名是由大小写英文字母组成的长度不超过20的字符串（不含空格）；期末平均成绩为0到100之间的整数（包括0和100）；1、2、3、0分别代表蓝桥杯省赛一等奖、二等奖、三等奖、没有获奖。相邻数据项之间用一个空格分隔。

输出

输出每位学生的姓名和获奖金额。

样例输入

3
Zhangsan 90 1
Lisi 86 2
Wangwu 82 3

样例输出

Zhangsan 3000
Lisi 2000
Wangwu 1000

6. 约瑟夫环

题目描述

有n个人围成一圈（编号为1~n），从第1号开始进行1、2、3报数，凡报3者就退出，下一个人又从1开始报数……如此重复进行，直到最后只剩下一个人为止。请问此人原来的位置是多少号？请用单链表或循环单链表完成。

输入

第一行是一个整数n（$10 \leq n \leq 100000$）。

输出

最后剩下人的编号。

样例输入

69

样例输出

68

7. 去掉重复元素

题目描述

输入 n 个整数，按照输入的顺序建立链表，链表结点的结构为（data, next）且 |data|≤1000，然后把链表中 data 的绝对值相等的结点，仅保留第一次出现的结点而删除其余结点。

输入

第一行是一个正整数 n（10≤n≤100000），第二行依次输入 n 个整数，整数之间用空格分隔。

输出

链表中各结点的 data 值，每两个值之间用空格分隔。

样例输入

5
21 -15 -15 -7 15

样例输出

21 -15 -7

第 9 章 文 件

变量和数组在程序执行期间占用内存空间,当程序运行完毕后,这些分配的内存空间将被彻底回收,确保资源得到合理释放。在程序开发中,经常需要将程序处理的结果长期保留,C/C++通过文件系统来实现数据的共享和持久化存储。文件不仅是操作系统进行数据管理的基础单元,也是程序执行读写操作时不可或缺的数据实体。通过文件,程序能够有效地交互和保存信息,确保数据的持久性和可访问性。

9.1 文件基本概念

文件是存储在外部存储介质上、具有名称的数据集合,它以有序的方式组织相关数据。C/C++中任一文件均对应唯一的文件标识,文件标识由文件路径、文件名和文件扩展名三部分组成。文件路径表示文件所处的外存目录;文件名遵循标识符的命名规则;文件扩展名表示文件的性质。为简便起见,在不引起混淆的情况下,通常以文件名指代文件标识。

根据文件中数据组织形式的不同,文件可分为文本文件和二进制文件。文本文件以字符为基本单位处理数据,把每个字符的 ASCII 码值存入文件中,每个 ASCII 码值对应一个字节,每个字节表示一个字符。故文本文件是字符序列文件,也称作字符文件或 ASCII 文件。二进制文件把数据按对应的二进制形式存储,是字节序列文件。

字符型数据一律以 ASCII 码形式存储,数值型数据既可以用 ASCII 码形式存储,也可以用二进制形式存储。使用 ASCII 码存储时一个字节代表一个字符,因而便于逐个处理和输出字符,但一般占用存储空间较多,而且需要花费转换时间(二进制形式与 ASCII 码间的转换)。使用二进制形式存储可以节省外存空间和转换时间,把内存单元中的存储内容原封不动地输出到外部介质,此时每一个字节并不一定代表一个字符。

C/C++采用"缓冲文件系统"处理数据文件,其特点是系统自动在内存区域为程序中每一个正在使用的文件开辟一个文件缓冲区。从内存向磁盘输出数据时必须先送到内存缓冲区,待缓冲区装满后再一起输出到磁盘;从磁盘向内存读入数据时,先一次从磁盘文件将一批数据输入到内存缓冲区(充满缓冲区),然后再从缓冲区逐个地将数据输入给程序变量。使用缓冲区是为了提高磁盘读写效率,缓冲区的大小由具体的 C/C++编译系统确定。

缓冲文件系统为每个正在使用的文件在内存中开辟一个缓冲区,以存放文件的有关信息,这些信息被保存在一个 FILE 结构体类型的变量中。FILE 结构体类型定义如下:

```
struct _iobuf {
    char *_ptr;         //文件输入的下一个位置
    int _cnt;           //若为输入缓冲区则表示其中还剩多少个字符未被读取,若为输出缓
                        //冲区则表示其中还有多少可写空间
    char *_base;        //文件起始位置
    int _flag;          //文件状态标志
    int _file;          //文件有效性验证
```

```
        int _charbuf;          //检查缓冲区状况，若无缓冲区则不读取
        int _bufsiz;           //文件缓冲区大小
        char *_tmpfname;       //临时文件名
    };
    typedef struct _iobuf FILE;
```

定义指向文件的指针变量的形式如下。

  FILE *fp;

注意，指向文件的指针变量并非指向外部存储介质上的数据文件的开头，而是指向内存中的文件信息区的开头。

9.2 文件打开与关闭

对文件进行读写操作前应首先打开文件，所谓"打开文件"是指为文件建立相应的信息区（用来存放有关文件的信息）和文件缓冲区（用来暂时存放输入输出的数据）。在编写程序打开文件时，定义一个文件指针变量指向该文件，之后便可通过该指针变量对文件进行读写操作。打开文件使用 fopen 函数，fopen 函数的原型为：

  FILE *fopen(char *filename, char *mode);

其中，filename 为包含路径的文件标志，若不显式指明路径则表示当前路径。例如"D:\\f1.txt"表示 D: 盘根目录下的文件 f1.txt；"f2.doc"表示当前目录下的文件 f2.doc。mode 为文件打开模式，表示对该文件可进行的操作："r"表示只读，"w"表示只写，"rw"表示读写，"a"表示追加写入。更多的文件打开模式见表 9-1。

若打开成功，则返回该文件对应的 FILE 类型的指针；若打开失败，则返回 NULL。故需定义 FILE 类型的指针变量，以保存该函数的返回值，从而可根据该函数的返回值判断相应文件打开是否成功。

表 9-1 文件打开模式

模式	含义	说明
r	只读	文件必须存在，否则打开失败
w	只写	若文件存在，则清除原文件内容后写入；否则，新建文件后写入
a	追加只写	若文件存在，向文件尾部追加写入；若文件不存在，则创建新文件后追加写入
r+	读写	文件必须存在。在只读"r"的基础上加"+"表示增加可写的功能。下同
w+	读写	新建一个文件，先向该文件中写入数据，然后可从该文件中读取数据
a+	读写	在"a"模式的基础上，增加可读功能
rb	二进制读	功能同模式"r"，区别："b"表示以二进制模式打开。下同
wb	二进制写	功能同模式"w"，二进制模式
ab	二进制追加	功能同模式"a"，二进制模式
rb+	二进制读写	功能同模式"r+"，二进制模式
wb+	二进制读写	功能同模式"w+"，二进制模式
ab+	二进制读写	功能同模式"a+"，二进制模式

文件使用结束后应关闭该文件，以防止对其误操作，同时也避免不关闭文件就结束程序运行而导致的数据丢失。所谓"关闭文件"是指撤销文件信息区和文件缓冲区。关闭文件使用 fclose 函数，fclose 函数的原型为：

> **int fclose(FILE *fp);**

其中，fp 为文件指针，指向已打开的文件。若正常关闭则返回 0，否则返回 EOF（-1）。

9.3 文件读写

读写文件是最常用的文件操作，C/C++提供了字符读写函数（fgetc/fputc）、字符串读写函数（fgets/fputs）、数据块读写函数（fread/fwrite）、格式化读写函数（fscanf/fprinf）等多种文件读写方式。

9.3.1 字符读写函数

1. 读字符函数 fgetc

fgetc 函数的功能是从指定的文件中读取一个字符到内存，函数调用的一般格式如下。

> **字符变量 = fgetc(文件指针);**

例，"ch = fgetc(fp);"的含义是从打开的文件 fp 中读取一个字符并送入 ch 中。

说明：

1) 在 fgetc 函数调用中，读取的文件必须是以读或读写方式打开的。

2) 读取字符后可以不向字符变量赋值。例如"fgetc(fp);"代表读出字符但不保存。

3) 在文件内部有一个位置指针，用来指向文件的当前读写字节。在文件打开时，该指针总是指向文件的第一个字节。每调用一次 fgetc 函数后该位置指针向后移动一个字节，因此可连续多次使用 fgetc 函数读取多个字符。应注意文件指针和文件内部的位置指针不是一回事。文件指针是指向整个文件的，需要在程序中定义说明，只要不重新赋值，文件指针的值是不变的。文件内部的位置指针用来指示文件内部的当前读写位置，每读写一次该指针就会向后移动一次，它不需要在程序中定义说明，而是由系统自动设置。

【例 9-1】读取文件 in.txt，将文件内容在屏幕上输出。

```
#include <iostream>
using namespace std;
int main(){
    FILE *fp;
    char ch;
    if ((fp = fopen("e:\\in.txt","r")) == NULL){
        printf("\nCannot open file, press any key to exit!");
        exit(1);
    }
    while ((ch = fgetc(fp)) != EOF)
        putchar(ch);
    fclose(fp);
    return 0;
}
```

2. 写字符函数 fputc

fputc 函数的功能是把一个字符写入到指定的文件中。函数调用的一般格式如下。

fputc(字符量,文件指针);

其中,待写入的字符可以是字符常量或变量,例,"fputc('a', fp);"的含义是把字符'a'写到 fp 所指向的文件中。

说明:

1) 被写入的文件可以用写、读写、追加方式打开,用写或读写方式打开一个已存在的文件时将清除原有的文件内容,文件位置标记指向文件起始处。

2) 如需保留原有文件内容,希望写入的字符从文件末开始存放,则应以追加方式打开文件。当以追加方式打开文件时,若文件不存在则创建该文件。

3) 每写入一个字符,文件内部位置指针向后移动一个字节。

4) 执行 fputc 函数后,若写入成功则返回写入的字符,否则返回 EOF。

【例 9-2】 从键盘输入一行字符,写到文件 out.txt 中,再读取该文件内容显示在屏幕上。

```
#include <iostream>
using namespace std;
int main(){
    FILE *fp;
    char ch;
    if ((fp = fopen("e:\\out.txt","w+")) == NULL){
        printf("Cannot open file, press any key to exit!");
        exit(1);
    }
    printf("input a string:\n");
    while ((ch = getchar()) != '\n')
        fputc(ch, fp);
    rewind(fp);
    while ((ch = fgetc(fp)) != EOF)
        putchar(ch);
    printf("\n");
    fclose(fp);
    return 0;
}
```

9.3.2 字符串读写函数

1. 读字符串函数 fgets

fgets 函数的功能是从指定的文件中将一个字符串读取到字符数组中,函数调用的一般格式如下。

fgets(字符数组名, n, 文件指针);

其中 n 是一个正整数,表示从文件中读取的字符串不超过 n-1 个字符,在读取的最后一个字符后加上串结束标志'\0'。例,"fgets(str, n, fp);"的含义是从 fp 所指的文件中读出 n-1

个字符，再加上串结束标志'\0'后存入字符数组 str 中。

【例 9-3】从 in.txt 文件中读取一个含 10 个字符的字符串。

```cpp
#include <iostream>
using namespace std;
int main(){
    FILE *fp;
    char str[11];
    if ((fp = fopen("e:\\in.txt", "r+")) == NULL){
        printf("\nCannot open file, press any key to exit!");
        exit(1);
    }
    fgets(str, 11, fp);
    printf("\n%s\n", str);
    fclose(fp);
    return 0;
}
```

说明：
1）在读取 n‑1 个字符之前，如遇到换行符或 EOF，则读取结束。
2）fgets 函数的返回值是字符数组的首地址。

2. 写字符串函数 fputs

fputs 函数的功能是将一个字符串写入指定的文件中，函数调用的一般格式如下。

　　　fputs(字符串，文件指针);

其中字符串可以是字符串常量，也可以是字符数组名，或指针变量，例如 "fputs("abcd", fp);" 的含义是把字符串 "abcd" 写到 fp 所指的文件之中。

【例 9-4】在例 9-2 中建立的文件 out.txt 中追加一个字符串。

```cpp
#include <iostream>
using namespace std;
int main(){
    FILE *fp;
    char ch, str[20];
    if ((fp = fopen("e:\\out.txt","a+")) == NULL){
        printf("Cannot open file, press any key to exit!");
        exit(1);
    }
    printf("input a string:\n");
    scanf("%s", str);
    fputs(str, fp);
    rewind(fp);
    while ((ch = fgetc(fp)) != EOF)
        putchar(ch);
    printf("\n");
    fclose(fp);
    return 0;
}
```

9.3.3 数据块读写函数

数据块读写函数可用来读写一组数据，如一个数组元素，一个结构变量的值等。读数据块函数调用的一般格式如下。

> fread(buffer, size, count, fp);

写数据块函数调用的一般格式如下。

> fwrite(buffer, size, count, fp);

其中，buffer 是一个指针，在 fread 函数中表示存放输入数据的首地址，在 fwrite 函数中表示存放输出数据的首地址；size 表示数据块的字节数；count 表示要读写的数据块的块数；fp 表示文件指针。

例如"double fa[100]; fread(fa, 8, 5, fp);"的含义是从 fp 指向的文件中，每次读取 8 个字节（一个双精度实数）送入数组 fa 中，连续读取 5 次，即读入 5 个双精度实数到 fa 中。

【例 9-5】从键盘输入两个学生数据，写到文件 out.txt 中，再从文件中读取这两个学生的数据并显示在屏幕上。

```cpp
#include <iostream>
using namespace std;
struct stu{
    char name[10];
    int num;
    int age;
    char addr[15];
}s1[2], s2[2], *p, *q;
int main(){
    FILE *fp;
    char ch;
    int i;
    p = s1;
    q = s2;
    if ((fp = fopen("e:\\out.txt", "wb+")) == NULL){
        printf("Cannot open file, press any key to exit!");
        exit(1);
    }
    printf("\ninput data\n");
    for (i = 0; i < 2; i++, p++)
        scanf("%s%d%d%s", p->name, &p->num, &p->age, p->addr);
    p = s1;
    fwrite(p, sizeof(struct stu), 2, fp);
    rewind(fp);
    fread(q, sizeof(struct stu), 2, fp);
    printf("\n\nname\tnumber\tage\taddr\n");
    for(i = 0; i < 2; i++, q++)
        printf("%s\t%d\t%d\t%s\n", q->name, q->num, q->age, q->addr);
    fclose(fp);
```

```
        return 0;
    }
```

9.3.4 格式化读写函数

fscanf 函数和 fprintf 函数与前面使用的 scanf 和 printf 函数的功能相似，都是格式化读写函数。两者的区别在于 fscanf 函数和 fprintf 函数的读写对象不是键盘和显示器，而是磁盘文件。fscanf 函数与 fprintf 函数的调用格式如下。

fscanf(文件指针，格式字符串，输入表列)；
fprintf(文件指针，格式字符串，输出表列)；

例如：

fscanf(fp, "%d%s", &i, s);
fprintf(fp, "%d%c", j, ch);

用 fscanf 和 fprintf 函数也可以实现例 9-5 的功能。修改后的程序如例 9-6 所示。

【例 9-6】使用 fscanf 和 fprintf 函数实现例 9-5 的功能。

```
#include <iostream>
using namespace std;
struct stu{
    char name[10];
    int num;
    int age;
    char addr[15];
}s1[2], s2[2], *p, *q;
int main(){
    FILE *fp;
    char ch;
    int i;
    p=s1;
    q=s2;
    if ((fp = fopen("e:\\out.txt", "wb+")) == NULL){
        printf("Cannot open file, press any key to exit!");
        exit(1);
    }
    printf("\ninput data\n");
    for (i = 0; i < 2; i++, p++)
        scanf("%s%d%d%s", p->name, &p->num, &p->age, p->addr);
    p = s1;
    for(i = 0; i < 2; i++, p++)
        fprintf(fp, "%s %d %d %s\n", p->name, p->num, p->age, p->addr);
    rewind(fp);
    for (i = 0; i < 2; i++, q++)
        fscanf(fp, "%s %d %d %s\n", q->name, &q->num, &q->age, q->addr);
    printf("\n\nname\tnumber\tage\taddr\n");
    q = s2;
```

```
        for (i = 0; i < 2; i++, q++)
            printf("%s\t%d\t %d\t %s\n", q->name, q->num, q->age, q->addr);
        fclose(fp);
        return 0;
    }
```

9.3.5 随机读写函数

上述文件读写函数只能从头开始，顺序读写文件数据。但在实际开发中经常需要读写文件的指定部分，这就需要先移动文件内部的位置指针到指定位置，再进行读写操作。这种将位置指针移动至文件的指定位置开始读写的方式称为随机读写。

实现随机读写需要移动位置指针到指定位置，该操作通过 rewind 和 fseek 两个函数实现。rewind 函数用于将位置指针移动到文件开头，fseek 函数用于将位置指针移动到文件任意位置。rewind 与 fseek 函数的原型分别为：

>   void rewind(FILE *fp);
>   int fseek(FILE *fp, long offset, int origin);

其中，fp 为文件指针，指向当前被操作的文件；offset 为偏移量，即以"起始点"为基点，向前/后移动的字节数（长整型）；origin 为起始位置，即从何处开始计算偏移量。起始位置有文件开头、当前位置和文件末尾三种，分别用对应的常量 0、1、2 表示。

>   fseek(fp, 100L, 0);   //将文件位置标记向前移到离文件开头 100 个字节处
>   fseek(fp, 50L, 1);   //将文件位置标记向前移到离当前位置 50 个字节处
>   fseek(fp, -10L, 2);   //将文件位置标记从文件末尾向后退 10 个字节

fseek()通常用于二进制文件，在文本文件中由于要进行转换，计算的位置容易出现错误。

9.4 文件重定向

文件重定向技术是解决输入输出烦琐问题的有效手段。所谓重定向，就是改变文件流的源头或目的地。简而言之，就是由键盘输入变为由文件输入，或由输出到屏幕变为输出到文件。文件重定向通过 freopen()函数实现，freopen()函数的原型为：

>   FILE *freopen(char *filename, char *type, FILE *stream);

其中，filename 为重定向的文件标识；type 为文件打开方式；stream 为被重定向的文件流。若重定向操作成功，则返回指向 filename 文件的指针，否则返回 NULL。

【例 9-7】从文件 in.txt 中每次读取两个整数，将相加后的结果输出到 out.txt 中。

```
    #include <iostream>
    using namespace std;
    int main(){
        freopen("e:\\in.txt", "r", stdin);      //若无相对路径则表示为当前路径
        freopen("e:\\out.txt", "w", stdout);    //无此文件则新建
        int a, b;
```

```c
        while(scanf("%d%d", &a, &b) != EOF)
            printf("%d\n", a+b);
    fclose(stdin);
    fclose(stdout);
    freopen("CON", "r", stdin);        //重定向输入到控制台
    freopen("CON", "w", stdout);       //重定向输出到控制台
    return 0;
}
```

9.5 本章实例

【程序 9-1】 文件输出

题目描述

编写程序,输入一个整数 n,找出小于 n 的所有质数,将这些质数写到结果文件 file1.out 中。

输入

第一行输入一个整数 n(1≤n≤1000)。

输出

输出小于 n 的所有质数,并将这些质数写到结果文件 file1.out 中。

参考程序

```cpp
#include <iostream>
#include <cmath>
using namespace std;
int prime(int n);
int main(){
    int n;
    FILE *fp;
    if ((fp = fopen("d:\\file1.out", "w")) == NULL){
        cout << "cannot open this file\n";
        exit(1);
    }
    cin >> n;
    for (int i = 2; i < n; i++) {        //找出小于 n 的所有质数
        if (prime(i))
            fprintf(fp, "%8d", i);
    }
    if (fclose(fp)){
        cout << "cannot close this file\n";
        exit(1);
    }
    return 0;
}
int prime(int n){
    int i, k = sqrt(n);
```

```
        for (i = 2; i <= k; i++){
            if (n % i == 0)
                break;
        }
        if (n != 1 && i > k)
            return 1;
        else
            return 0;
    }
```

【程序 9-2】显示文件数据

题目描述

编写程序,将程序 9-1 中的结果文件 file1.out 在屏幕上显示输出。

输入

文件 file1.out 中的数据。

输出

将 file1.out 中的数据输出到屏幕。

参考程序

```
#include <iostream>
using namespace std;
int main(){
    int num;
    FILE *fp;
    if ((fp = fopen("d:\\file1.out", "r")) == NULL){
        cout << "cannot open this file\n";
        exit(1);
    }
    while (fscanf(fp, "%8d", &num) != EOF){
        cout << num << endl;
    }
    if (fclose(fp)){
        cout << "cannot close this file\n";
        exit(1);
    }
    return 0;
}
```

习题

一、选择题

1. C/C++语言中可以处理的文件类型有（   ）。
   A. 文本文件和二进制文件
   B. 文本文件和数据文件

C. 数据文件和二进制文件
D. 以上三个都不对

2. 下面关于 C/C++语言数据文件的叙述中正确的是（　　）。
   A. 文件由 ASCII 码字符序列组成，C/C++语言只能读写文本文件
   B. 文件由二进制数据序列组成，C/C++语言只能读写二进制文件
   C. 文件由记录序列组成，可按数据的存放形式分为文本文件和二进制文件
   D. 文件由数据流序列组成，可按数据的存放形式分为文本文件和二进制文件

3. C/C++语言的存取方式中，文件（　　）。
   A. 只能顺序存取   B. 只能随机存取
   C. 可以顺序存取，也可以随机存取   D. 只能从文件的开头存取

4. 如果要用 fopen()函数打开一个二进制文件，若不存在则新建，该文件既能读也能写，则文件打开方式应为（　　）。
   A. "wb+"   B. "ab+"   C. "rb+"   D. "ab"

5. 已知 E: 盘根目录下有文本文件"data.txt"且程序中已有定义"FILE *fp;"，若程序需要先从"data.txt"文件中读取数据，修改后再写到"data.txt"文件中，则调用 fopen 函数的正确形式是（　　）。
   A. fp=fopen("e:\\data.txt", "rw");   B. fp=fopen("e:\\data.txt", "w+");
   C. fp=fopen("e:\\data.txt", "r+");   D. fp=fopen("e:\\data.txt", "r");

6. 已知有定义及语句"FILE *fp; int m = 9; fp = fopen("out.dat", "w");"，如果需要将变量 m 的值以文本形式保存到磁盘文件 out.dat 中，则下面函数调用形式中正确的是（　　）。
   A. fprintf("%d", m);   B. fprintf(fp, "%d", m);
   C. fprintf("%d", m, fp);   D. fprintf("out.dat", "%d", m);

7. 对文件进行操作时，写文件的含义是（　　）。
   A. 将内存中的信息写出到磁盘   B. 将磁盘中的信息读入到内存
   C. 将主机中的信息写出到磁盘   D. 将磁盘中的信息读入到主机

8. 缺省情况下，C/C++编译系统中预定义的标准输出流 stdout 直接连接的设备是（　　）。
   A. 软盘   B. 硬盘   C. 键盘   D. 显示器

9. 若变量已正确定义，（　　）不能使指针 p 成为空指针。
   A. p = EOF   B. p = 0   C. p = '\0'   D. p = NULL

10. 若文件指针 fp 还没有指向文件的末尾，则函数 feof(fp)的返回值是（　　）。
    A. -1   B. TRUE   C. 0   D. 非零值

二、填空题

1. 程序中已包含预处理命令"#include<stdio.h>"，为了使语句"fp = fopen("in.txt", "r");"能正常执行，在该语句之前必须有定义语句_____。

2. 设有当前目录下的非空文本文件 data.txt，要求能读出文件中的全部数据，并在文件原有数据之后添加新数据，则应用"FILE *fp = fopen("data.txt", _____);"打开该文件。

3. 在用 fopen 函数打开一个已经存在的数据文件时，若需要既可读出该文件中原有内容，也可以用新的数据覆盖文件的原有数据，则调用 fopen 函数时使用的存取方式参数应当是_____。

4. 语句"printf("%d, %d", NULL, EOF); "的输出结果是_____。

5. 按照数据的存储形式，文件可以分为_____和_____。

6. 在 C/C++中，文件可以用_____存取，也可以用_____存取。

7. 在调用函数"fopen("e:\\b.dat", "r")"时，若 E: 盘根目录下不存在文件 b.dat，则函数的返回值是_____。

8. feof(fp)函数用来判断文件是否结束，若遇到文件结束函数值为_____，否则为_____。

9. 文件随机定位函数是_____，文件头定位函数是_____。

10. "fgets(buf, n, fp); "从 fp 指向的文件中读入_____个字符放到 buf 字符数组中。

三、编程题

1. 文件复制

题目描述

将磁盘文件 A 中的信息复制到另一个磁盘文件 B 中。

输入

输入两个字符串，分别代表源文件 A、目标文件 B 的文件名（文件均在当前目录下）。

输出

将源文件 A 中所有内容复制输出到目标文件 B 中。

样例输入

无

样例输出

无

2. 文件合并

题目描述

有两个磁盘文件 A 和 B，各存放一行字母，要求把两个文件中的信息合并（按字母顺序排序）存储到一个新的磁盘文件 C 中。

输入

输入三个字符串，分别代表 A、B、C 三个文件的文件名（文件均在当前目录下）。

输出

将磁盘文件 A 和 B 中的信息合并（按字母顺序排序）后输出到磁盘文件 C 中。

样例输入

无

样例输出

无

3. 随机读取

题目描述

有一个磁盘文件 A，其中存放一行字母，要求把 A 中位序为奇数的字母输出到屏幕。

输入
输入一个字符串,代表 A 文件的文件名(文件在当前目录下)。
输出
将 A 中位序为奇数的字母输出到屏幕。
样例输入
无
样例输出
无

附　　录

附录 A　Dev-C++ 使用指南

1．安装 Dev-C++

双击 Dev-C++ 安装包（.exe 文件）即可开始安装。

1）首先加载安装程序（仅需几十秒），如图 A-1 所示。

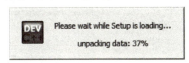

图 A-1　加载安装程序

2）开始安装，如图 A-2 所示。

图 A-2　开始安装

Dev-C++ 支持多国语言，包括简体中文，但是要等到安装完成以后才能设置，在安装过程中不能使用简体中文，所以此时选择英文（English）。

3）同意 Dev-C++ 的各项条款，如图 A-3 所示。

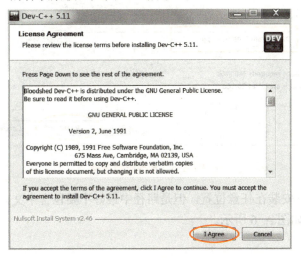

图 A-3　同意 Dev-C++ 的各项条款

4）选择要安装的组件，此处选择"Full"，全部安装，如图 A-4 所示。

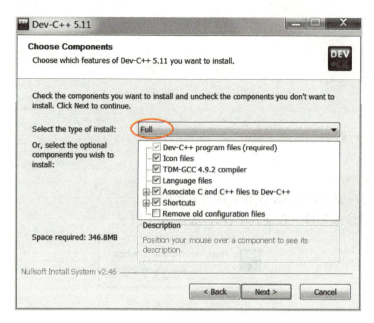

图 A-4　选择要安装的组件

5）选择安装路径，如图 A-5 所示。

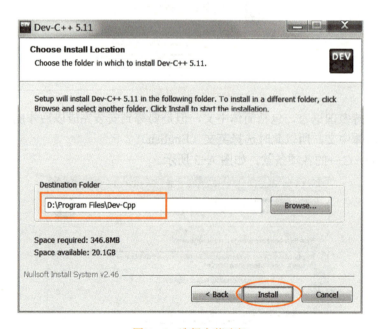

图 A-5　选择安装路径

可以将 Dev-C++ 安装在任意位置，但是路径中最好不要包含中文。

6）等待安装，如图 A-6 所示。

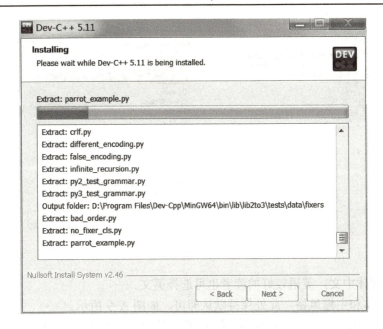

图 A-6　等待安装

7）安装完成，如图 A-7 所示。

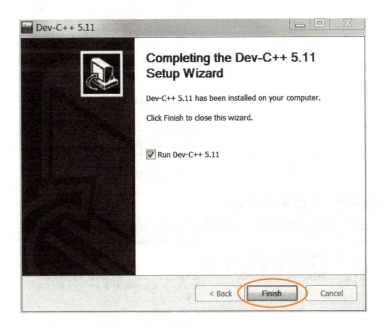

图 A-7　安装完成

2. 配置 Dev-C++

首次使用 Dev-C++ 还需进行简单配置，包括设置语言、字体和主题风格。

1）第一次启动 Dev-C++ 后，提示选择语言，如图 A-8 所示。

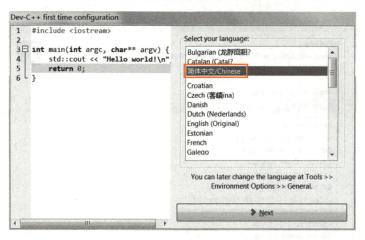

图 A-8　选择语言

此处选择简体中文，英语较好的读者也可选择英文。

2）选择字体和主题风格，此处保持默认即可，如图 A-9 所示。

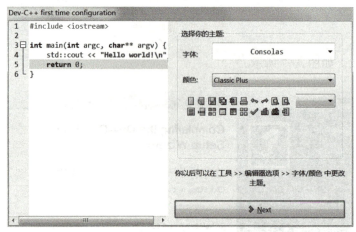

图 A-9　选择字体和主题风格

3）提示设置成功，如图 A-10 所示。

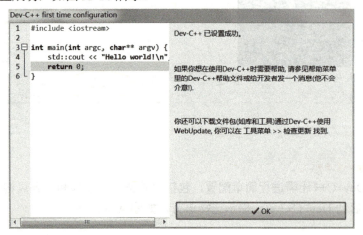

图 A-10　设置成功

单击"OK"按钮，进入 Dev-C++，就可以编写代码了。

3．使用 Dev-C++

1）选择菜单 File→New→Source File，如图 A-11 所示。

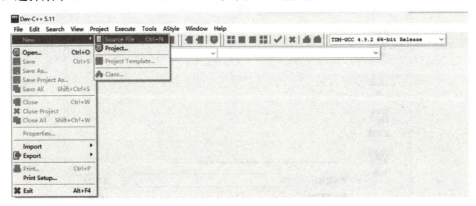

图 A-11　新建程序

2）在文件编辑框中录入代码，Untitled1 表示该文件尚未命名，前面的*号表示文件的修改还没有保存，如图 A-12 所示。

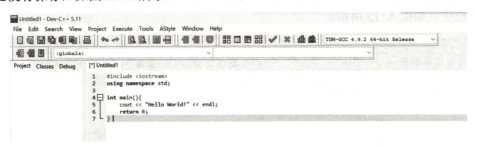

图 A-12　录入代码

3）选择菜单 File→Save 或按〈Ctrl+S〉键，保存文件，如图 A-13 所示。

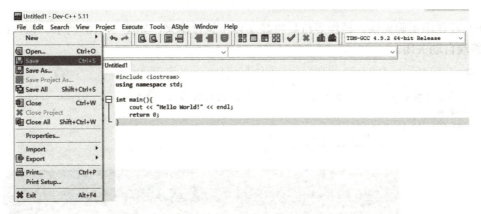

图 A-13　保存文件

4）在对话框中定位到合适的目录（例如，D:\Test），为程序文件取一个合适的名字（如 t1），保存类型选择"C++ source files"，然后单击"保存"按钮，如图 A-14 所示。

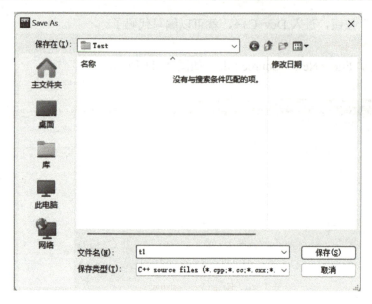

图 A-14 选择文件名及保存类型

5）选择菜单 Execute→Compile & Run（执行→编译并运行）或按〈F11〉键，即可编译并运行程序，如图 A-15 所示。

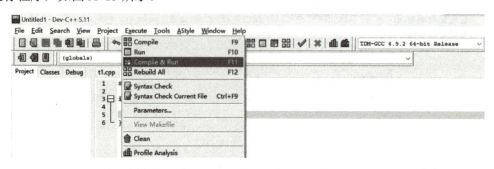

图 A-15 编译并运行程序

6）若程序正确无误，稍作等待后将显示以下执行结果，如图 A-16 所示。按〈Enter〉键，终端自动关闭。

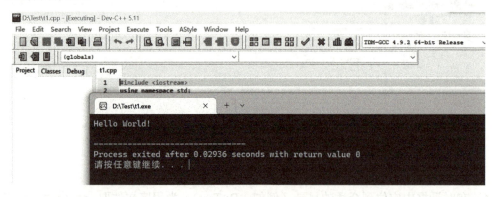

图 A-16 程序正确无误

附录 B 基本 ASCII 码字符表

ASCII 值	字符	ASCII 值	字符	ASCII 值	字符	ASCII 值	字符
000	NUL	032	Space	064	@	096	`
001	SOH	033	!	065	A	097	a
002	STX	034	"	066	B	098	b
003	ETX	035	#	067	C	099	c
004	EOT	036	$	068	D	100	d
005	ENQ	037	%	069	E	101	e
006	ACK	038	&	070	F	102	f
007	BEL	039	'	071	G	103	g
008	BS	040	(	072	H	104	h
009	HT	041	)	073	I	105	i
010	LF	042	*	074	J	106	j
011	VT	043	+	075	K	107	k
012	FF	044	,	076	L	108	l
013	CR	045	-	077	M	109	m
014	SO	046	.	078	N	110	n
015	SI	047	/	079	O	111	o
016	DLE	048	0	080	P	112	p
017	DC1	049	1	081	Q	113	q
018	DC2	050	2	082	R	114	r
019	DC3	051	3	083	S	115	s
020	DC4	052	4	084	T	116	t
021	NAK	053	5	085	U	117	u
022	SYN	054	6	086	V	118	v
023	ETB	055	7	087	W	119	w
024	CAN	056	8	088	X	120	x
025	EM	057	9	089	Y	121	y
026	SUB	058	:	090	Z	122	z
027	ESC	059	;	091	[	123	{
028	FS	060	<	092	\	124	|
029	GS	061	=	093	]	125	}
030	RS	062	>	094	^	126	~
031	US	063	?	095	_	127	DEL

参 考 文 献

[1] 谭浩强. C 程序设计[M]. 5 版. 北京：清华大学出版社，2017.

[2] 谭浩强. C++面向对象程序设计[M]. 2 版. 北京：清华大学出版社，2014.

[3] 黄龙军，沈士根，胡珂立，等. 大学生程序设计竞赛入门：C/C++程序设计　微课视频版[M]. 北京：清华大学出版社，2020.

[4] 张玉生，刘炎，张亚红. C 语言程序设计[M]. 上海：上海交通大学出版社，2021.

[5] 苏小红，叶麟，张羽，等. 程序设计基础：C 语言　慕课版[M]. 北京：人民邮电出版社，2023.

[6] 王曙燕. C 语言程序设计：慕课版[M]. 西安：西安电子科技大学出版社，2022.

[7] 江涛，宋新波，朱全民. CCF 中学生计算机程序设计基础篇[M]. 北京：科学出版社，2016.

[8] 陈颖，邱桂香，朱全民. CCF 中学生计算机程序设计入门篇[M]. 北京：科学出版社，2016.

[9] 严蔚敏，李冬梅，吴伟民. 数据结构：C 语言版[M]. 2 版. 北京：人民邮电出版社，2015.

[10] 秋叶拓哉，岩田阳一，北川宜稔. 挑战程序设计竞赛[M]. 巫泽俊，庄俊元，李津羽，译. 2 版. 北京：人民邮电出版社，2013.

[11] 罗勇军，郭卫斌. 算法竞赛入门到进阶[M]. 北京：清华大学出版社，2019.

[12] 李春葆，李筱驰，蒋林，等. 算法设计与分析[M]. 2 版. 北京：清华大学出版社，2018.